U0246184

METAPHYSICS AND MEASUREMENT

ESSAYS IN SCIENTIFIC REVOLUTION

Alexandre Koyré

[法] 亚历山大·柯瓦雷 著

黄河云 译

形而上学与测量

北京大学出版社
PEKING UNIVERSITY PRESS

图书在版编目（CIP）数据

形而上学与测量 /（法）亚历山大·柯瓦雷著；黄河云译. —— 北京：
北京大学出版社，2024. 10. —— ISBN 978-7-301-35498-8

Ⅰ. N02-53

中国国家版本馆 CIP 数据核字第 2024M6Q627 号

书　　　　名	形而上学与测量	
	XINGERSHANGXUE YU CELIANG	
著作责任者	〔法〕亚历山大·柯瓦雷（Alexandre Koyré）著　黄河云　译	
责 任 编 辑	张晋旗　田　炜	
标 准 书 号	ISBN 978-7-301-35498-8	
出 版 发 行	北京大学出版社	
地　　　　址	北京市海淀区成府路 205 号　100871	
网　　　　址	http://www. pup. cn　　　新浪微博 @ 北京大学出版社	
电 子 邮 箱	编辑部 wsz@pup.cn　　　总编室 zpup@pup.cn	
电　　　　话	邮购部 010-62752015　　发行部 010-62750672	
	编辑部 010-62750577	
印 刷 者	大厂回族自治县彩虹印刷有限公司	
经 销 者	新华书店	
	650 毫米 ×980 毫米　16 开本　15.5 印张　160 千字	
	2024 年 10 月第 1 版　2024 年 10 月第 1 次印刷	
定　　　　价	68.00 元	

"北京大学科技史与科技哲学丛书"总序

　　科学技术史(简称科技史)与科学技术哲学(简称科技哲学)是两个有着紧密的内在联系的研究领域,均以科学技术为研究对象,都在20世纪发展成为独立的学科。科学哲学家拉卡托斯说得好:"没有科学史的科学哲学是空洞的,没有科学哲学的科学史是盲目的"。北京大学从20世纪80年代开始在这两个专业招收硕士研究生,90年代招收博士研究生,但两个专业之间的互动不多。如今,专业体制上的整合已经完成,但跟全国同行一样,面临着学科建设的艰巨任务。

　　中国的"科学技术史"学科属于理学一级学科,与国际上通常将科技史列为历史学科的情况不太一样。由于特定的历史原因,我国科技史学科的主要研究力量集中在中国古代科技史,而研究队伍又主要集中在中国科学院下属的自然科学史研究所,因此,在20世纪80年代制定学科目录的过程中,很自然地将科技史列为理学学科。这种学科归属还反映了学科发展阶段的整体滞后。从国际科技史学科的发展历史看,科技史经历了一个由"分科史"向"综合史"、由理学性质向史学性质、由"科学家的科学史"向"科学史家的科学史"的转变。西方发达国家大约在20世纪五六十年代完成了这种转变,出现了第一代职业科学史家。而直到 20 世纪末,我国科技史界提出了学科再建制的口号,才把上述"转变"提上日程。在外部制度建设方面,再建制的任务主要是将学科阵地由中国科学院自然科学史研究所向其他机构特别是高等院校扩展;在内部制度建设方面,再建制的任务是由分科史走向综合史,由学科内史走向思想史与社会史,由中国古代科技史走向世界科技史。

科技哲学的学科建设面临的是另一些问题。作为哲学二级学科的"科技哲学"过去叫"自然辩证法",但从目前实际涵盖的研究领域来看,它既不能等同于"科学哲学"(Philosophy of Science),也无法等同于"科学哲学和技术哲学"(Philosophy of Science and of Technology)。事实上,它包罗了各种以"科学技术"为研究对象的学科,比如科学史、科学哲学、科学社会学、科技政策与科研管理、科学传播等。过去 20 多年来,以这个学科的名义所从事的工作是高度"发散"的:以"科学、技术与社会"(STS)为名,侵入了几乎所有的社会科学领域;以"科学与人文"为名,侵入了几乎所有的人文学科;以"自然科学哲学问题"为名,侵入了几乎所有的理工农医领域。这个奇特的局面也不全是中国特殊国情造成的,首先是世界性的。科技本身的飞速发展带来了许多前所未有但又是紧迫的社会问题、文化问题、哲学问题,因此也催生了许多边缘学科、交叉学科。承载着多样化的问题领域和研究兴趣的各种新兴学科,一下子找不到合适的地方落户,最终都被归到"科技哲学"的门下。虽说它的"庙门"小一些,但它的"户口"最稳定,而在我们中国,"户口"一向都是很重要的,学界也不例外。

研究领域的漫无边际,研究视角的多种多样,使得这个学术群体缺乏一种总体上的学术认同感,同行之间没有同行的感觉。尽管以"科技哲学"的名义有了一个外在的学科建制,但是内在的学术规范迟迟未能建立起来。不少业内业外的人士甚至认为它根本不是一个学科,而只是一个跨学科的、边缘的研究领域。然而,没有学科范式,就不会有严格意义上的学术积累和进步。中国的"科技哲学"界必须意识到:热点问题和现实问题的研究,不能代替学科建设。唯有通过学科建设,我们的学科才能后继有人;唯有加强学科建设,我们的热点问题和现实问题研究才能走向深入。

如何着手"科技哲学"的内在学科建设?从目前的状况看,科技哲学界事实上已经分解成两个群体,一个是哲学群体,一个是社会学群体。前者大体关注自然哲学、科学哲学、技术哲学、科学思想史、自然科学哲学问题等,后者大体关注科学社会学、科技政策与科研管理、科学的社会研究、"科学、技术与社会"(STS)、科学学等。学科建设首先要顺应这一分化的大局,在哲学方向和社会学方向分头进行。

本丛书的设计,体现了我们把西方科学思想史和中国近现代科学社会史作为我们科技史学科建设的主要方向,把"科技哲学"主要作为哲学学科来建设的基本构想。我们将在科学思想史、科学社会史、科学哲学、技术哲学这四个学科方向上,系统积累基本文献,分层次编写教材和参考书,并不断推出研究专著。我们希望本丛书的出版能够有助于推进我国科技史和科技哲学的学科建设,也希望学界同行和读者不吝赐教,帮助我们出好这套丛书。

吴国盛

2006 年 7 月于燕园四院

前　言

1939 年，"科学与工业现状"（Actualités scientifiques et industrielles）系列中出版了亚历山大·柯瓦雷精微的三卷本的《伽利略研究》（*Études galiléennes*），当时他主要以哲学史家而闻名。在这部著作中，柯瓦雷教授以哲学家的眼光审视了伽利略在科学革命中的作用。他并不是第一个这样做的人，但他的《伽利略研究》断言，在伽利略的科学思想中，思想对经验起了主导作用。他的洞察力和专注力对下一代科学史家产生了最深远的影响。

事实上，《伽利略研究》本身的影响力被搁置：正如柯瓦雷所描述的，这部"命途多舛"的著作暂时成为德国入侵法国的牺牲品。柯瓦雷本人将其精华提炼成两篇论文（即《伽利略与 17 世纪科学革命》和《伽利略与柏拉图》），并在美国期刊上发表。在这两篇文章中，他特别指出，实验是向自然提出的问题，在提出这个问题之前，科学家（或者更恰当地说，自然哲学家）必须决定自然被理解的语言：这样伽利略才能处理自然的测量问题，因为作为一个形而上学家，他已经与同时代的柏拉图主义者分享了自然从根本上是数学的信念。事实上，在这些文章以及后来的文章中，柯瓦雷坚持认为，伽利略（和他的一些杰出的同时代人一样）主要是一个对自然进行思想剖析的人，对他来说，实验——即使真的已经做过——只是为了检验先前通过艰苦思考所得出的结论。

今天，科学史家几乎本能地对其研究主题的思想背景予以充分重视，而这更多地归功于柯瓦雷，而不是其他作者。人们没有预料，甚至也不愿去想，如此不妥协且充满挑战的论题会被毫无保留地接受，在重新阅读这些论文时，人们可能忍不住要提出异议或对其加以限制：在《伽利略研究》发表了四分之一个世纪之后，人们不仅对观察和实验的重要性，而且对科学发展的社会、经济和技术背景的重要性都有了更深刻的认识，这一趋势正在明显地回归。这是应该的。但每年都有一批新生第一次接触科学史，现在仍然需要而且毫无疑问将永远需要让他们迅速认识到这门学科的思想挑战：作为科学史家，他们不应该仅仅是事实和日期的编年史家，而必须创造性地重新解释过去，以努力理解现在。为了这个目的，我知道没有什么比这本文集中的文章更适合作入门的材料了，我带着初学者的想法联系了柯瓦雷教授，希望出版他文章的合适选集。他原本能够对原文稍作修改，但遗憾的是，这本书直到他去世后才出版。他的四位好友，伯纳德·科恩（I. Bermard Cohen）教授、皮埃尔·科斯塔贝尔（Pierre Costabel）神父、阿利斯泰尔·克隆比（Alistair

Crombie）博士以及勒内·塔顿（René Taton）教授协助出版了这本书。

霍斯金（M. A. Hoskin）

注　释

论文一、二、四最初由柯瓦雷教授撰写并出版。论文三、五和六已经由麦迪森（R. E. W. Maddison）博士从法文译为英文。索引由亨宁斯（M. A. Hennings）女士编制的。

目　录

一、伽利略与 17 世纪科学革命 001

二、伽利略与柏拉图 021

三、伽利略的《论重物的运动》：论思想实验及其滥用 059

四、一个测量实验 122

五、伽桑狄及其时代的科学 163

六、学者帕斯卡 180

索　引 217

译后记 227

一、伽利略与 17 世纪科学革命

现代科学并不像雅典娜从宙斯的头颅中蹦出来那样完美无缺地从伽利略与笛卡尔的心灵中呈现出来。相反，伽利略与笛卡尔的革命（无论如何都不失为一场革命）是通过艰苦的思想努力而准备的。研究这种努力的历史，书写人类心灵顽强地处理同一个旷日持久的难题的故事——遭遇相同的困难，不知疲倦地与相同的障碍进行斗争，并缓慢而逐步地为自己打造出各种新工具、新概念、新思维方法来克服它们——没有什么比这更有趣、更有启发性、更令人激动的了。

这是一个漫长而惊心动魄的故事；它长得无法在此详述。然而，为了理解伽利略—笛卡尔革命的起源、影响和意义，我们不能不至少简单回顾一下伽利略的一些同时代人和他的前辈。

现代物理学首先研究的是有重物体的运动，即我们周围的物体的运动。因此，正是致力于解释日常经验中常见的事实和现象——下落与抛射——才产生了导致建立其基本定律的思想趋势。然而，现代物理学的发展并非完全来自于此，甚至不是主要地或直接地由此而来。现代物理学并不仅仅起源于地球，它同样来自天空。正是在天空中，现代物理学找到了它的完成与终点。

现代物理学的"序幕"和"终场"都在天上，或者用更
严谨的语言来说，现代物理学起源于对天文学问题的研究，并
在其整个历史中保持着这种联系，这一事实具有深刻的意义，
并带来了深远的影响。它意味着古典和中世纪的和谐整体宇宙
（Cosmos）观念被宇宙（Universe）观念所取代，前者是一个
由性质决定的、层次分明的封闭整体，其中不同的部分（天界
和地界）受制于不同的定律，而后者则是一个开放的、无限延
伸的存在整体，受其基本定律的一致性所支配，并由它们所统
一；这种取代决定了天界物理学（Physica coelestis）与地界物
理学（Physica terrestris）的融合，这使后者能够使用由前者发
展起来的方法——假说演绎的数学处理方法——并将其应用于
自身的问题；它意味着不可能在没有天界物理学的情况下建立
和发展地界物理学，或至少是地界力学；它还解释了伽利略与
笛卡尔为何会有部分的失败。

在我看来，现代物理学随着伽利略·伽利雷的著作一同
完成并诞生于其中，它将惯性运动定律视为其首要而基本的定
律。它这样做是非常正当的，因为"不理解运动，就不理解自
然"（ignorato motu ignoratur natura），而现代科学的目的就是
通过"数、图形和运动"来解释一切。诚然，是笛卡尔，而不
是伽利略——我相信我在《伽利略研究》[1]中已经确立了这一

---

[1] A. Koyré, *Études galiléennes* (Paris: Hermann,1939). 参见我的《从封闭世界到无
限宇宙》(*From the Closed World to the Infinite Universe* [Baltimore: Johns Hopkins University
Press,1957])。（转下页）

点——第一次完全理解了惯性定律的地位和意义。然而，牛顿把它完全归功于伽利略并不完全是错误的。事实上，尽管伽利略从未明确表述过这个原理（他也不可能做到），但他的力学却隐含地以此为基础。他只是不愿意得出或承认从他自己的运动概念中导出的最终结果或含义，他不愿意完全和彻底地抛弃他努力建立理论假设的经验材料，这使他没能在从希腊的有限宇宙（Cosmos）通向现代人的无限宇宙（Universe）的道路上迈出最后一步。

惯性运动的原理再简单不过了。它指出，一个物体，只要不受某种外力的干扰，就会保持其静止或运动状态。换句话说，一个静止的物体将永远保持静止状态，除非它被"置于运动之中"。而一个运动中的物体将继续运动，并维持其匀速直线运动，只要没有什么阻止它这样做。[2]

2

惯性运动的原理在我们看来是非常明显、合理的，甚至实际上是不证自明的。在我们看来相当明显的是，一个静止的物体将保持静止，也就是说，它会停留在它所处的那个地方——无论那是什么地方——而不会自行移开。而且，反之（conuerso

---

（接上页）[原书的注释采用的是每一页重新编号，在中译本中改为在每一篇论文中连续编号。注释中所涉及的注释编号也作了相应的调整。——译者注]

[2] Sir Isaac Newton, *Philosophiae Naturalis Principia Mathematica*; Axiomata sive leges motus; Lex I: Corpus omne perseverare in statu suo quiescendi vel movendi uniformiter in directum, nisi quatenus a viribus impressis cogitur statum ille mutare. 参见 A. Koyré, "Newton and Descartes", in *Newtonian Studies* (London; Chapman and Hall,1965; Cambridge, Massachusetts: Harvard University Press, 1965)。

modo），一旦开始运动，它将继续运动，并沿着相同的方向以相同的速度运动，因为事实上，我们看不出任何让它应该有所改变的理由和原因。所有这些在我们看来不仅是合理的，甚至是自然的。然而，没有比这更自然的了。事实上，这些概念和考虑所具有的"明显"和"自然"是非常晚近才获得的：我们将其归功于伽利略与笛卡尔，而对希腊人以及中世纪的人来说，它们看起来"明显"是错误的，甚至是荒谬的。

只有当我们承认或认识到以下这一点，才能解释这一事实，即所有这些构成现代科学基础的"明显"和"简单"的概念就其本身而言（per se et in se）并不"明显"和"简单"，而只是作为一系列特定的概念和公理的一部分时才是如此，而如果离开了这些概念和公理，它们根本就一点也不"简单"。这反过来又使我们能够理解，为什么今天教给孩子们并且连他们都能理解的简单易懂的东西（诸如运动的基本定律等）的发现，需要人类有史以来最深刻和最伟大的一些头脑付出巨大的努力——而且这种努力往往并不成功：他们并不是要"发现"或"建立"这些简单而明显的定律，而是要设计并建立使这些发现成为可能的框架。他们首先必须重塑和重建我们的思想本身；赋予它一系列新概念，发展一条通向存在的新道路、一种新的自然概念、一种新的科学概念，换言之，一种新哲学。

我们对构成现代科学基础的概念和原理是如此熟悉，或者说是如此习惯，以至于我们几乎不可能正确地理解为了建立它们而必须克服的种种障碍，或者它们所包含的种种困难。伽利略运动的概念（以及空间的概念）对我们来说是如此"自然"，以至于我们甚至认为我们是从经验和观察中得出它们，尽管显然没有人遇到过惯性运动，原因很简单，这种运动是绝对不可能的。我们同样习惯于用数学方法来研究自然，以至于我们没有意识到伽利略在说"自然之书是用几何符号写成的"时是多么大胆，就像我们没有意识到他决定把力学当作数学来对待，即用一个几何的实在世界来代替一个真实的经验世界，用不可能的东西来解释实在时有多么大胆。

　　正如我们所熟知的，在现代科学中，运动被认为从一点到另一点的纯几何学平移。因此，运动丝毫不影响具有这个运动的物体；无论是运动还是静止，对于物体本身而言都没有任何区别，也不会产生任何变化。物体，就其本身而言，对这两种情形完全是中立的。因此，我们无法将运动归于一个确定的物体本身。一个物体只有在它与其他事物——某个我们假定为静止的其他物体——的关系中才是运动的。因此，我们可以任意地（ad libitum）把运动归于这两个物体中的任何一个。所有的运动都是相对的。

　　正如运动不影响运动的物体一样，一个物体的特定运动也不会干扰它可能同时进行的其他运动。因此，一个物体可以具有任意数量的运动，这些运动根据纯几何学规则结合起来产生结果；**反之亦然**，每个给定的运动都可以根据这些相同的规则被分解成任意数量的分运动。

　　然而，尽管如此，运动被视为一种状态，而静止则是与前者完全绝对对立的另一种状态，因此我们必须施加一个**力**，才能将某一物体的运动状态改变为静止状态，**反之亦然**。

因此，很明显，一个处于运动状态的物体将永远保持这种状态；它不需要一个力或一个原因来解释或维持其匀速直线运动，正如它不需要一个原因来解释或维持其静止一样。

因此，为了使惯性运动原理显得显而易见，需要预设：（1）将一个特定的物体与其所有的物理环境隔离的可能性；（2）与欧几里得几何学的同质、无限的空间相等同的空间概念；以及（3）将运动和静止都视为状态，并将其置于存在的同一本体论层面的运动概念和静止概念。

难怪对于伽利略的同时代人和前辈来说，这些概念似乎很难接受，甚至很难理解；难怪对他的亚里士多德主义对手来说，运动作为一种持久的、实体的关系—状态的观念，似乎就像经院哲学家们著名的实体形式在我们看来一样荒谬和矛盾；也难怪伽利略在形成这一概念之前不得不进行一番艰苦的斗争，而那些伟大但稍逊一筹的思想家，如布鲁诺甚至开普勒，都未能达到这一目标。事实上，即使在今天，要掌握我们刚刚描述的那些概念也绝非易事，任何曾经试图向那些从未在学校学习过物理的学生教授物理的人肯定会证明这一点。事实上，常识是——正如它一直都是——中世纪的和亚里士多德主义的。

我们现在必须把注意力转向伽利略之前的主要是亚里士多德的运动概念和空间概念。我当然不会在这里详细阐述亚里士多德物理学，我只想指出它与现代物理学相对立的一些特征；

我之所以想要强调这一点，是因为它被广泛地误解了，亚里士多德的物理学是一个非常深思熟虑的、高度融贯的理论知识体系，它除了有极其深刻的哲学基础之外，正如迪昂（P. Duhem）和塔内里（P. Tannery）所说，[3] 它非常符合我们日常生活中的经验（至少是常识经验），其符合程度确实比伽利略物理学要好得多。

亚里士多德的物理学是基于感官知觉的，因此必定是非数学的。它拒绝用数学的抽象概念来替代日常经验中丰富多彩的定性事实，它否认了数学物理学的可能性，其理由是：（1）数学概念不符合感官经验材料；（2）数学无法解释性质和推断运动。在图形和数字的无时间的领域里，既没有性质，也没有运动。

至于运动（κίνησις）更确切地说是"位置运动"——亚里士多德物理学认为它是一种变化过程，与作为运动的目标和终点的静止相对立，静止被认为是一种**状态**。[4] 运动就是变化（实现或衰退），因此，运动中的物体不仅改变了它与其他物体的关系，同时自身也经历了一个变化过程。因此，运动总是影响承受运动的物体，所以，如果一个物体具有两种（或两种以上）运动，这些运动就会相互干扰、相互阻碍，有时甚至互不

5

---

[3]　P. Duhem, *Le Système du monde*, I (Paris: Hermann,1915), pp.194 ff; P. Tannery, "Galilée et les principes de la dynamique", *Mémoires scientifiques*, VI (Toulouse:Privat; Paris: Gauthier-Villars,1926), pp.399ff.

[4]　在亚里士多德看来，静止作为一种匮乏（privatio），在本体论层面上低于运动，"实体在其潜在状态中的活动，就其处于潜在状态而言"（actus entis in potentia in quantum est in potentia）。

相容。此外，亚里士多德物理学不承认将井然有序且有限的具体宇宙世界空间与几何学中的"空间"等同的正当性，甚至不承认其可能性，正如它不承认有将某个物体与其物理（和宇宙）环境相隔离的可能性。因此，在处理具体的物理问题时，总是必须考虑到世界秩序，考虑到某一特定的物体因其本性而所属的存在领域（"自然处所"[natural place]）；另一方面，试图使这些不同的领域服从相同的定律是不可能的，甚至（也许尤其如此）不可能服从相同的运动定律。例如，重物下落，轻物上升；地界物体做直线运动，天体作圆周运动；等等。

即使从这个简短的说明中也可以看出，作为**变化过程**（而不是作为**状态**）的运动不可能自发自动地持续下去，维持它需要一个推动者或原因的持续作用，一旦这个作用不再作用于运动的物体，即一旦有关物体与它的推动者分离，运动就会随之停止。"原因终止，结果便终止"（cessante causa, cessat effectus）。由此可见，惯性原理所假定的那种运动是完全不可能的，甚至是自相矛盾的。

现在我们必须回到事实本身。我已经说过，现代科学的起源与天文学有密切的联系；更确切地说，它起源于并来自回应当时一些权威科学家对哥白尼天文学提出的物理反驳的必要性。事实上，这些反驳完全是新的：恰恰相反，虽然有时以稍微现代化的形式提出，如用发射炮弹代替旧的论证中的投掷石头，但它们与亚里士多德和托勒密提出的反对地球运动可能性的论证基本相同。看到哥白尼本人、布鲁诺、第谷·布拉赫、

开普勒和伽利略一再重复地讨论这些论证是非常有趣的，也非　6
常有启发性。[5]

　　褪去亚里士多德和托勒密赋予这些论证的想象力的外衣，
他们的论证可以归结为如下：如果地球在运动，这种运动将以
两种非常明确的方式影响在地球表面发生的现象:（1）这种（旋转）
运动的巨大速度将产生如此巨大的离心力，以至于所有与地球
无关的物体都会飞走；（2）这种运动将导致所有与它无关或暂
时与之不相连的物体落后于它。因此，从塔顶落下的石头绝对
不会落在塔底，理所当然（a fortiori），垂直抛射（发射）到空
中的石头（或子弹）绝对不会落回它离开的地方，因为在它下
落或飞行的时候，这个处所会"迅速从它下面移动并迅速移开"。

　　我们不应该嘲笑这个论证。从亚里士多德物理学的角度
来看，它是完全合理的。以至于在这种物理学的基础上，它是
完全不可驳斥的。为了摧毁它，我们必须从整体上改变这个体
系，并发展出一个新的运动概念：伽利略的运动概念。

　　我们已经看到，对亚里士多德来说，运动是一个影响运动
者的过程，它发生在运动的物体"之中"。一个下落的物体从 A
点到 B 点，从位于地球上方的某个处所落向地球，或者更确切
地说，落向地心。它沿着连接这两点的直线运动。如果在这个
运动过程中，地球绕轴旋转，那么，就这条线（从 A 到地心的

---

　　[5]　参见 A. Koyré, *Études galiléennes*, part III, Galilee et la loi d'inertie (Paris: Hermann, 1939)。

线）而言，在它将描述的这个运动中，这条线和跟随它的物体都没有任何参与：地球的运动并不影响与它分离的物体。地球在它下面移动的事实，对它的轨迹没有影响。这个物体不能跟随地球运动。它遵循自己的路径，就像什么都没发生一样，因为事实上，**对这个物体来说**的确什么都没发生。即使A点（塔顶）没有静止，而是参与了地球的运动，也对这个物体的运动没有任何影响：物体的出发点发生了什么（在它离开其出发点之后）对它的行为没有丝毫影响。

7

对我们来说，这种观念可能显得非常古怪。但它绝不是荒谬的：我们正是以这种方式来表述一束光的运动或传播。这意味着，如果地球在运动，那么从塔顶抛下的物体绝对不会落在塔底；垂直射向空中的一块石头或一颗炮弹，也绝对不会落回它原来的地方。理所当然的是，这意味着从一艘航行的船的桅杆顶上落下的石头或球，也绝对不会落在桅杆的底部。

哥白尼本人对亚里士多德主义的回应非常软弱无力。他认为，在"受迫"运动的情况下，后者所推导出的令人不快的后果确实会出现。但对于地球的运动以及对属于运动的地球上的事物而言，则并非如此：对它们而言，地球的运动确实是一种**自然**运动。这就是为什么所有这些东西，云、鸟、石头等都参与了这个运动，而不会落在后面。

尽管哥白尼的论证非常软弱无力，但它们包含着由后来的思想家们发展起来的一种新观念的萌芽。哥白尼的推理将"天界力学"的定律应用于地界现象，这一步至少隐含着放弃将宇宙分为两个不同世界的旧的定性划分。除此之外，哥白尼还通过参与地球的运动来解释落体的明显直线路径；这种运动是地球、落体和我们共同具有的，对我们来说，"它仿佛不存在一样"。

哥白尼的论证基于地球与"地性的"事物之间的"本性共同体"的神秘概念。后来的科学将不得不用物理系统的概念，即具有相同运动事物的系统的概念来取代它；它将不得不依靠**物理学**相对性而不仅仅是运动的**视觉**相对性。所有这些在亚里士多德运动哲学的基础上都是不可能的，因此有必要采用另一种哲学。事实上，正如我们将越来越清楚地看到，我们在这次讨论中涉及的是一个哲学问题。

在哥白尼的论证中隐含的物理系统或力学系统的概念是由乔尔达诺·布鲁诺提出的。布鲁诺凭借其天才认识到，新天文学有必要彻底放弃一个封闭和有限的世界概念，并用开放的无限宇宙的概念取代它。这涉及放弃与非自然的、受迫的概念相对立的"自然"处所和"自然"运动的概念。在布鲁诺的无限宇宙中，作为"容器"（χώρα）的柏拉图主义的空间概念取代了作为界面的亚里士多德主义的空间概念，所有的"处所"都是完全等价的，因此对所有的物体都是完全自然的。因此，哥白尼区分了地球的"自然"运动和地球上事物的"受迫"运动，而布鲁诺则明确地将它们一视同仁。正如他所解释的那样，如果假设地球在运动，那么在地球上发生的情况完全对应于一艘在海面上航行的船上所发生的情况；地球的运动对地球上的事

8

物的影响不比船的运动对船上事物的影响更大。亚里士多德所推断的后果只有在运动物体的起点（即出发地）是在地球之外，并且与地球无关的情况下才会发生。

布鲁诺指出，起点本身在确定运动物体的运动（路径）方面不发挥任何作用，重要的是这个"处所"与力学系统之间是否具有联系。同一个"处所"甚至有可能与两个或多个系统相关。因此，例如，如果我们想象两个人，其中一个在船的桅杆顶端，而这艘船正从桥下经过，另一个在桥上，我们可以进一步想象，在某一时刻，这两个人的手将处在同一个处所。如果在那一刻，每个人都让一块石头下落，桥上人的石头会下落（并落入水中），但桅杆上的人的石头会跟随船的运动，并（相对于桥，划出一条特殊的曲线）落在桅杆底部。布鲁诺解释说，这种不同情况的原因很简单，后一块石头共享了船的运动，还保留了一部分印入其中的"动质"（moving virtue）。

如我们所见，布鲁诺用巴黎唯名论者的**冲力**（impetus）动力学取代了亚里士多德的动力学。在他看来，这种动力学为他的理论构建提供了充分的基础。正如历史所表明的那样，这是一种错误的信念。诚然，驱动运动物体产生其运动并在这一过程中耗尽自身的**冲力**、动质或能力的概念，使他能够驳斥亚里士多德的部分论证。然而，它并不能应对所有的论证；现代科学更不能建立在它的基础之上。

在我们看来，乔尔达诺·布鲁诺的论证完全合理。然而，在他的时代，这些论证却并未说服任何人；既没有说服第谷·布拉赫，后者在与罗特曼（Rothmann）的论战中不动声色地重复了亚里士多德古老的反驳（尽管是以现代的形式表述的）；甚至也没有说服开普勒，虽然受到布鲁诺的影响，但他认为自己不得不回到哥白尼的论证，实际上，他用一个物理概念（即吸引力的概念）取代了这位伟大天文学家的本性共同体的神秘概念。

第谷·布拉赫断然否认，从一艘航行的船之桅杆顶端下落的子弹会落在桅杆底部。他肯定地说，恰恰相反，它将落在后面，而且船速越快，它就会落后得越多。正如垂直射向空中的炮弹在运动的地球上绝不会落回大炮中。

第谷·布拉赫还补充说，如果地球像哥白尼所希望的那样在运动，那么将炮弹向东和向西发射，其所至的距离绝不可能相同：即使炮弹分享了地球的运动，这个极快的运动速度也会阻碍炮弹的运动；如果炮弹的运动方向与地球运动的方向相反，甚至会使炮弹完全无法运动。在我们看来，第谷·布拉赫的观点十分古怪。然而，我们不能忘记，对他来说，布鲁诺的理论似乎完全不可信，甚至夸张地拟人化。断言从同一处所下落并落向同一点（地心）的两个物体，仅仅由于其中一个与船相联系而另一个则不然，它们就将遵循两种不同的路径，划出两种不同的轨迹，这在亚里士多德主义者看来就意味着断言这子弹记得它过去的关联，知道它要去哪里，并被赋予了这样做的力量和能力。这反过来又意味着它被赋予了灵魂。

此外，正如我们已经提到过的，从亚里士多德动力学的角度——以及从**冲力**动力学的角度——两个不同的运动总是相互阻碍的，这可以由一个众所周知的事实来证明：子弹的快速运动（在水平飞行中）阻止它向下运动，并使它在空中停留的时间比我们仅仅让它下落到底部所用的时间要长得多。

10　　简而言之，第谷·布拉赫不承认运动的相互独立性——在伽利略之前没有人承认这一点；因此，他不承认暗示它的事实和理论，这是完全正当的。

　　开普勒采取的立场具有相当特殊的意义和重要性。它比其他任何人都更能向我们展示伽利略革命最终的**哲学**根源。从纯科学的角度来看，开普勒——我们尤其（inter alia）把"**惯性**"这个词归功于他——无疑是他那个时代最重要的天才，至少是其中之一：无须在此强调他杰出的数学天赋，只有他思想的坚韧精神才能与之媲美。他的一部作品的标题《天界物理学》（*Physica coelestis*）就是对他同时代人的挑战。然而，在哲学上，他更接近亚里士多德和中世纪，而不是伽利略和笛卡尔。他仍然从和谐整体宇宙（Cosmos）的角度进行推理；对他来说，运动与静止仍然像光明与黑暗、存在与匮乏那样相互对立。因此，"惯性"一词对他来说是指物体对运动的抗拒，而不像牛顿那样是对状态变化的抗拒；因此，就像亚里士多德和中世纪的物理学家一样，他需要一个原因或力来解释运动，而不需要一个原因或力来解释静止；就像他们一样，他认为，如果脱离了推动者，或者被剥夺了运动的动质或能力的作用，运动的物体将不会继续运动，相反，运动将会立即停止。因此，为了解释这样一个事实——在运动的地球上，物体即使没有受物质的束缚而附着在地球上，至少我们也**察觉不到**这种"落后"；[6] 向上抛出的石头会落回它们被抛出的地方；炮弹向西和向东飞行得一样远——他必须承认或找出一种将它们与地球结合起来，并拉动它们跟随地球运动的真实的力。

开普勒在所有物质（或者至少是所有地界物体）的相互吸引中找到了这种力，这意味着，就所有实际目的而言，所有地界事物被地球所吸引。开普勒设想，所有这些事物都被无数的弹性链条束缚在地球上；在他看来，正是这些链条的牵引力解释了为什么云、水流、石头和子弹不会停留在空中一动不动，而是跟随地球运动；这些链条无处不在的事实解释了向地球运动的相反方向投掷石头或发射大炮的可能性：有吸引力的链条将子弹拉向东方和西方，因此它们的效果差不多抵消了。当然，物体的真实运动（垂直射出的炮弹）是（a）其自身运动和（b）地球运动的组合或混合。但是，由于后者是所有的考察情形共有的，所以只有前者才是重要的。因此，显而易见的是（尽管第谷·布拉赫没有掌握这一点），虽然在宇宙空间中所测量的射向东方的子弹和射向西方的子弹的路径长度不同，但它们在地球上的路径是相同或几乎相同的。这就解释了为什么由相同数量的火药产生的相同的力，可以在两个方向上把炮弹发射到相同距离。

11

---

[6]　参见 A. Koyré, *Études galiléennes* (Paris: Hermann,1939), pp.172-94。

因此，亚里士多德或第谷对地球运动的反驳得到了满意的解决。开普勒指出，将地球等同于在运动的船是一个错误：事实上，地球的磁力吸引着它所运载的物体，而船则不然。因此，在一艘船上我们需要一个物质纽带，而这在地球的情况里是完全无用的。

我们不需要再详细讨论这一点：我们看到，开普勒，伟大的开普勒，这位现代天文学的创始人，也就是这位宣布整个宇宙中物质的统一性并指出"何处有物质，何处便有几何学"（*ubi materia, ibi geometria*）的人，未能建立现代物理科学的基础。而这原因只有一个：他仍然认为，在本体论上，运动比静止处于更高的存在层次。

在我们进行简短的历史总结之后，如果把注意力转向伽利略·伽利雷，我们就不会感到惊讶，因为他也用了大量的，甚至是非常大量的篇幅讨论了亚里士多德主义者陈旧的反驳。此外，我们将能够欣赏到他在《两大世界体系的对话》中无可比拟的技巧，他以此来组织论证并准备向亚里士多德主义发起最后攻击。

伽利略很清楚他的任务极其艰巨。他非常清楚地知道，他必须与强大的敌人作斗争：权威、传统，以及——最糟糕的——常识。向那些不能理解其价值的人提供证明是无用的。例如，向那些不习惯于数学思维的人解释线速度和径速度的区别（两者之间的混淆是亚里士多德和托勒密第一个反驳的全部基础）是没有用的。你必须首先教育他们。你必须循序渐进，一步一步地讨论和重新讨论新的和旧的论证；你必须以各种形式提出它们；你必须使用大量的例子，发明新的和引人注目的例子：骑手把他的长矛扔到空中然后再接住；弓箭手或紧或松地拉弓，从而给箭带来更大或更小的**速度**；一张放在行驶的马车上的弓能够通过给箭带来更大或更小的**速度**来抵消马车的**速度**。无数其他的例子，一步一步地引导我们或者说他的同时代人接受这个矛盾的、闻所未闻的观点，即运动是一种**在自身中**持续存在的东西，不需要任何原因或力来维持它。这是一项艰巨的任务。因为正如我已经说过的，从速度和方向的角度来思考运动，而不是从效果、冲力和动量的角度来思考运动，是不自然的。

但是，事实上，我们不能从效果和冲力的角度来**思考**运动：我们只能以这种方式来**想象**它。因此，我们必须作出选择：要么思考，要么想象；要么与伽利略一起思考，要么通过常识来想象。

因为正是思想，纯粹的思想，而不是以往的经验或感官知觉，为伽利略·伽利雷的"新科学"提供了基础。

伽利略对此非常清楚。因此，在讨论球从航行的船的桅杆顶部下落这个著名的例子时，伽利略详细解释了运动的物理相对性原理，物体相对于地球的运动与相对于船的运动之间的区别，然后，**在不诉诸任何经验的情况下**，他得出结论：球相对于**船**的运动并不随船的运动而改变。此外，当他的那些重视经验主义的亚里士多德主义的对手问他："您做过实验吗？"伽利略自豪地宣称："没有，我也不需要做实验，因为即使没有任何经验，我也可以肯定事实是这样的，因为它不可能不这样。"

因此，**必然**（necesse）决定**存在**（esse）。好的物理学是被**先验地**做出来的。理论先于事实。经验是无用的，因为在任何经验之前，我们就已经拥有了我们正寻求的知识。运动（和静止）的基本定律，这些决定物体时空行为的定律，是一些具有数学本性的定律。它们与那些支配图形和数的关系与定律具有相同的本性。我们不是在自然中找到和发现它们，而是在我们自身中，在我们的心灵中，在我们的记忆中找到和发现它们，正如柏拉图很久以前曾教导过我们的那样。

因此，正如使亚里士多德主义者极其沮丧的伽利略所宣称的那样，我们能够为描述运动"特征"（symptom）的命题提供严格和纯粹的数学证明，发展自然科学的语言，通过数学实验来询问自然，[7] 并阅读"用几何符号书写"的自然这本大书。

自然之书是用几何符号写成的：新的、伽利略的物理学是一种运动的几何学，正如他真正的导师，**神圣的**（divus）**阿基米德**的物理学是一种静止的几何学。

运动的几何学，自然的先验数学科学……这如何可能呢？亚里士多德对柏拉图将自然数学化的古老反驳是否终于被推翻

---

[7] 实验——与纯粹的经验相反——是我们向自然提出的一个问题。为了得到答案，我们必须用某种明确的语言来表述它。伽利略革命可以归结为发现了这种语言，发现了数学是科学的语法这一事实。正是这种对自然理性结构的发现，为现代实验 / 科学提供了先验基础，并使其构成成为可能。

和驳倒了？并非完全如此。的确，在数的领域中没有性质，因此，伽利略——出于同样的原因，还有笛卡尔——不得不放弃性质，放弃丰富多彩的感官知觉和日常经验的定性世界，取而代之的是无色的、抽象的阿基米德世界。至于运动……非常肯定的是，数中没有运动。然而，运动——至少是阿基米德的物体在新科学的无限同质空间中的运动——是由数所支配的，服从数的定律和比例（leges et rationes numerorum）。

运动服从数，这是连古代柏拉图主义者中最伟大的超人阿基米德本人都不知道的事情，而要等到这位 "最杰出的自然试金者"（正如他的学生和朋友卡瓦列里 [Cavallieri] 所评价的），柏拉图主义者伽利略·伽利雷去发现。

伽利略·伽利雷的柏拉图主义（这个问题我在其他地方讨论过 [8]）确实与佛罗伦萨学院的柏拉图主义截然不同，正如他的数学自然哲学不同于他们的新毕达哥拉斯主义的数秘学（arithmology）。但在哲学史上不止一个柏拉图学派，也不止一个柏拉图传统，而且扬布里科（Iamblichus）和普罗克洛斯（Proclus）所代表的思想潮流是否比阿基米德所代表的潮流更具柏拉图主义，这仍然是一个问题。[9]

我不会在这里讨论这个问题。但我必须指出，对于伽利略的同时代人和学生，以及伽利略本人来说，亚里士多德主义与

14

---

[8] 参见下文《伽利略与柏拉图》。

[9] 就整个古希腊哲学传统来说，阿基米德是一位柏拉图学派的哲学家。

柏拉图主义之间的界线是非常清楚的。在他们看来，这两种哲学之间的对立是由对作为科学的数学及其对自然科学的构成作用的不同理解决定的。根据他们的观点，如果一个人只把数学看作一门研究抽象事物的辅助科学，因此其价值低于处理真实存在的科学（例如物理学），如果一个人断定物理学可以而且必须直接建立在经验和感觉之上，那么他就是一个亚里士多德主义者。相反，如果一个人宣称数学具有更高的价值，并在研究自然事物方面具有主导地位，那么他就是一个柏拉图主义者。因此，对于伽利略的同时代人和学生，以及伽利略本人来说，伽利略的科学，即伽利略的自然哲学似乎是向柏拉图的回归，是柏拉图对亚里士多德的胜利。

15　　我必须承认，对我来说，这种解释似乎是完全合理的。

二、伽利略与柏拉图

伽利略·伽利雷的名字与 17 世纪科学革命有着不可分割的联系，这是自希腊思想发明和谐整体宇宙以来人类思想最深刻的革命，至少是其中之一：这场革命意味着彻底的思想"嬗变"，现代物理科学既是其表现，也是其成果。[1]

这场革命有时被描述为（同时也被解释为）一种精神上的剧变，是人类思想的整个基本态度的彻底转变：行动的生活（vita activa）取代了在此之前被认为最高贵的沉思的生活（Θεωρια，vita contemplativa）。现代人寻求对自然的控制，而中世纪或古代的人则首先试图对自然进行沉思。因此，经典物理学（即伽利略、笛卡尔、霍布斯的物理学，一种行动和操作的科学 [scientia activa, operativa]，一种使人成为"自然的主宰者和拥有者"的科学）的机械论趋势必须用这种支配和行动的渴望来解释；它必须被视为这种态度的纯粹和简单的流露，即将

---

[1] 参见 J. H. Randall, Jr., *The Making of the Modern Mind* (Boston:1926), pp.220 ff.,231 ff；另见 A. N. Whitehead, *Science and the Modern World* (New York:1925)。

"工匠人"（homo faber）的思维范畴应用于自然。[2] 笛卡尔的科学（更不用说 [a fortiori] 伽利略的科学）无非（如前所述）一种工匠或工程师的科学。[3]

我必须承认，我并不认为这种解释完全正确。当然，现代哲学、现代伦理学和现代宗教确实比古代和中世纪的思想更强调行动（πραξις）。在现代科学中也是如此：我想到的是笛卡尔的物理学及其对滑轮、绳索和杠杆的比喻。然而，我们刚才描述的态度更多的是培根的态度，而不是伽利略或笛卡尔的态度（培根在科学史上的地位完全无法与伽利略或笛卡尔相提并论）。[4] 他们的科学不是由工程师或工匠创造的，而是由那些所做的实事无非是建构理论的人创造的。[5] 新的弹道学不是由工匠和炮手创造的，而是他们的反对者创造的。伽利略并没有从在威尼斯的兵工厂和造船厂工作的人那里学到他的业务；恰恰相反，是伽利略教会了他们这些技艺。[6] 此外，这一理论既解释了

---

[2]　不要把这个广为流传的概念与柏格森的概念相混淆，对柏格森而言，所有物理学（包括亚里士多德物理学和牛顿物理学）归根结底都是"工匠人"的作品。

[3]　参见 L. Laberthonniere, *Études sur Descartes*, II (Paris:Vrin,1935), pp.288 ff, 297, 304: "physique de l'exploitation des choses"。

[4]　培根是现代科学的鼓吹者（buccinator），并非其创立者之一。

[5]　当然，笛卡尔和伽利略的科学对工程师和技术人员来说极为重要，最终引发了一场技术革命，但它既不是由工程师也不是由技术人员创造和发展的，而是由理论家和哲学家创造和发展的。

[6]　"作为工匠的笛卡尔"，这种笛卡尔主义的观念先是由勒鲁瓦（Leroy）在《社会的笛卡尔》（*Descartes social* [Paris: 1931]）中提出的，之后由伯克瑙（F. Borkenau）在《从封建世界观到资产阶级世界观的过渡》（*Der Ubergang vom feudalen zum biirgerlichen Weltbild* [Paris:1934]）中推向了荒谬的境地。伯克瑙用一种新的经济企业形式（转下页）

太多东西，又什么也没有解释。它用技术进步来解释 17 世纪科学的巨大进步，而前者却远不如后者显著。再有，它忽视了中世纪的技术成就。它没有考虑到炼金术在其整个历史上都被对权力和财富的渴望所刺激。

　　另一些学者坚持认为伽利略是在反对权威（特别是亚里士多德的权威）：反对教会所拥护的和大学所教授的科学和哲学传统。他们强调观察和经验在新自然科学中的作用。[7] 当然，观察和实验构成了现代科学的最显著的特点之一，这是完全正确的。可以肯定的是，在伽利略的著作中，我们发现他大量诉诸观察和经验，并挖苦讽刺那些由于看到的东西与权威的教导

────────────

（接上页）（即制造业）的出现来解释笛卡尔哲学和科学的诞生。参见格罗斯曼（H. Grossmann）对伯克瑙著作的批评（H. Grossmann, "Die gesellschaftlichen Grundlagen der mechanistischen Philosophie und die Manufaktur", *Zeitschrift für Sozialforschung* [Paris:1935]），这个批评比那本书本身更有趣、更有启发意义。

　　关于伽利略，奥尔什基（L. Olschki）和最近的齐尔塞尔（E. Zilsel）将他与文艺复兴时期的工匠、建筑师、工程师等传统联系起来（L. Olschki, *Galileo und seine Zeit* [Halle:1927]; E. Zilsel , "The Sociological Roots of Science", *The American Journal of Sociology*, XLVII [1942]）。齐尔塞尔强调了文艺复兴时期的"高级工匠"（superior artisans）在现代科学思想的发展中所起的作用。当然，文艺复兴时期的艺术家、工程师、建筑师等在反对亚里士多德传统的斗争中发挥了重要作用，他们中的一些人（比如达·芬奇和贝内蒂）甚至试图发展一种新的、反亚里士多德的动力学，这是完全正确的；然而，正如迪昂所确证的那样，这种动力学在其主要特征上是巴黎唯名论者的动力学，即布里丹和奥里斯姆的冲力动力学。如果说贝内蒂是伽利略这些"前辈"中迄今为止最杰出的一位，有时甚至超越了"巴黎学派"动力学的层面，那并不是因为他作为工程师和炮手的工作，而是因为他对阿基米德的研究，以及他决定将"数学哲学"应用于对自然的研究。

　　[7]　一位善意的批评者指责我忽视了伽利略学说的这个方面（参见 L. Olschki, "The Scientific Personality of Galileo", *Bulletin of the History of Medicine*, XII [1942]）。我必须承认，虽然我确实认为科学主要是理论，而不是收集"事实"，但我并不认为我应该受到这种指责。

相悖而不相信自己眼睛的人，或者是那些更糟糕的（比如克雷莫尼尼 [Cremonini]）由于害怕看到与他们的传统理论和信仰相悖的东西而拒绝使用伽利略的望远镜的人。显然，正是通过制造望远镜，并通过它对月亮和行星进行仔细观察和发现木星的卫星，伽利略对他那个时代的天文学和宇宙论予以毁灭性的打击。

但是，我们不能忘记，原始的、常识意义上的观察和经验对于现代科学的基础并没有发挥什么作用，或者说，即使有的话，那也是一种消极的阻碍作用。[8] 正如塔内里和迪昂所说，亚里士多德的物理学，甚至更多的是巴黎唯名论者布里丹（Buridan）和奥里斯姆（Nicole Oresme）的物理学比伽利略和笛卡尔的物理学更接近于常识经验。[9] 发挥了巨大的积极作用的不是"经验"，而是"实验"（但也只是后来的事情）。实验是对自然进行有条理的拷问，这种拷问预设并意味着用一种**语言**来提问，还预设并意味着有一本帮助我们阅读和解释答案的词典。正如我们所熟知的，对伽利略来说，我们必须用曲线、圆

---

[8] É. Meyerson, *Identité et réalité* (Paris:Alcan,1926), p.156, 3rd Ed., 迈耶森非常令人信服地表明"经验"与现代物理学的各种原理之间缺乏一致性。

[9] P. Duhem, *Le Système du Monde*, I (Paris:Hermann,1913), pp.194 ff. 迪昂表明："事实上，这种动力学似乎非常适合日常观察，以至于那些刚开始思考力和运动的人不可能不立即接受它……物理学家们要想抛弃亚里士多德的动力学并构建现代动力学，就必须明白他们日常所见的事实绝不是动力学基本定律能够直接适用的简单和基本的事实；船夫拉着船动，或滚动的马车在路上行驶，这些都必须被视为极其复杂的运动；换句话说，为了掌握运动科学的原理，我们必须抽象地考虑一个运动物体在单个力的作用下在真空中的运动。亚里士多德甚至从他的动力学中得出结论：这种运动是不可能的。"

和三角形，用数学语言，甚至更准确地说，用**几何语言**——而不是用常识语言或纯符号的语言——与自然对话并得到她的回答。然而，语言的选择以及使用这种语言的决定显然不能由使用它所带来的经验所决定，它必定有其他来源。

还有一些科学史家和哲学史家[10]更加谦逊地试图通过（使其成为**物理学**的）一些显著特征来描述现代物理学：例如，**惯性**原理在其中所起的作用。这完全正确，与古人不同的是，**惯性**原理在经典力学中占有突出的地位。它是经典物理学的基本运动定律；它先是隐含地渗透在伽利略物理学中，并且后来相当明确地体现在笛卡尔和牛顿的物理学中。但在我看来，这种界定似乎有些肤浅。在我看来，仅仅陈述这一事实是不够的。我们必须理解和解释它——解释为什么**现代**物理学能够采用这一原理；理解对我们来说显得如此简单、如此清晰、如此可信，甚至不言自明的惯性原理为何以及如何获得了这种不证自明和**先验**真理的地位，而对希腊人和中世纪的思想家来说，一个物体一旦运动起来就会一直持续运动的观念显然是错误的，甚至是荒谬的。[11]

---

[10] 参见 Kurd Lasswitz, *Geschichte der Atomistik*, II (Hamburg and Leipzig:1890), p.23; E. Mach, *Die Mechanik in ihrer Entwicklung* (Leipzig:Brockhaus, 1921), pp.117 ff, 8th Ed.; E. Wohlwill, "Die Entdeckung des Beharrunggesetzes", in *Zeitschrift für Völkerpsychologie und Sprachwissenschaf*, XI and XV (1883 and 1884)，以及 E. Cassirer, *Das Erkenntnisproblem in der Philosophie und Wissenschaft der neueren Zeit*, I (Berlin:1911), pp.394 ff, 2nd Ed.。

[11] 参见 É. Meyerson, *Identité et réalité* (Paris:Alcan,1926),pp.124 f。

　　我不会试图在这里解释产生 16 世纪精神革命的原因和理由，我们只需用两个（相关的）特征来描述现代科学的精神或思想态度就足够了。它们是：（1）和谐整体宇宙的解体，因此所有基于这一概念的考虑都从科学中消失；[12]（2）空间的几何化，即用同质的、抽象的欧几里得几何学空间取代前伽利略物理学中性质各异的、具体的世界－空间概念。这两个特点可以归纳如下：自然的数学化（几何化），以及由此带来的科学的数学化（几何化）。

　　和谐整体宇宙的解体意味着等级有序的有限世界结构之观念的破灭，意味着性质上和本体论上有区别的世界之观念的破灭，取而代之的是一个开放的、无限定的（indefinite）甚至是无限的宇宙，后者被相同的普遍定律所统一和支配；与传统概念中天界和地界的截然二分和对立相反，在这个宇宙中，所有事物都处于同一存在层面。天界的定律和地界的定律融合在一起。天文学和物理学变得相互依存，甚至统一和联合起来。[13]而这意味着所有基于价值、完美、和谐、意义和目的的考虑都

---

　　[12] 当然，这个**术语**仍然存在，牛顿仍在谈论和谐整体宇宙及其秩序（就像他谈论**冲力**一样），但它的含义已完全不同。

　　[13] 正如我在其他地方（*Études galiléennes*, part III, Galiée et la loi d'inertie [Paris: Hermann,1939]）努力说明的那样，现代科学是天文学和物理学统一的结果，它使天文学和物理学能够将在那之前仅被用于研究月上界的数学方法应用于对月下界现象的研究。

从科学的视野中消失了。[14] 它们消失于新宇宙的无限空间之中。正是在这个新宇宙中，在这个由几何学构成的新世界中，经典物理学的定律才有效并能得到应用。

和谐整体宇宙的解体——我在此重申：在我看来，这是自希腊人发明和谐整体宇宙以来人类思想所取得或遭受的最深刻的革命。这是一场如此深刻和深远的革命，以至于人类（除了极少数例外，帕斯卡就是其中之一）几个世纪以来都没有把握住它的影响和意义；即使是现在，它也经常被误估和误解。

因此，现代科学的创始人（其中包括伽利略）所要做的不是批判和抨击某些错误的理论，以及纠正它们或用更好的理论取代它们。他们必须做一些完全不同的事情。他们必须摧毁一个世界，并用另一个世界来取代它。他们必须重塑我们思想本身的框架，重述并改造它的概念，发展一种新的存在方式、一种新的知识概念、一种新的科学概念——甚至用另一种完全不自然的方式取代一种相当自然的方式，即常识。[15]

这就解释了为什么今天看起来如此简单、如此容易，以至

20

---

[14]　参见 É. Bréhier, *Histoire de la philosophie*,vol.II,fasc.1 (Paris:1929),p.95, 其中所言："笛卡尔使物理学摆脱了希腊和谐整体宇宙的困扰，换句话说，摆脱了满足我们审美需要的某种特权状态的图景……不存在特权状态，因为所有状态都是等价的。因此，寻找目的因和对善的考虑在物理学中没有位置。"

[15]　参见 P. Tannery, "Galilée et les principes de la dynamique", in *Mémoires scientifiques*, VI (Toulouse:1926), p.399, 其中说道："在评价亚里士多德的动力学时，如果我们不考虑现代教育所带来的偏见，如果我们试图将自己置于一位独立思想家在 17 世纪初可能具有的思想状态中，我们就很难忽视这样一个事实，即这个体系远比我们自己的体系更符合对事实的直接观察。"

于可以教给孩子们的事物（运动定律和落体定律）之发展需要一些最伟大的天才——伽利略、笛卡尔——做出如此漫长、艰苦，而且往往不成功的努力。[16] 在我看来，这一事实反过来又反驳了现代人试图贬低甚至否认伽利略思想的独创性（或至少是革命性）的看法；它还表明，中世纪和现代物理学发展的明显连续性（卡韦尔尼 [Caverni] 和迪昂如此强调的连续性）[17] 是一种幻觉。当然，从巴黎唯名论者的作品到贝内代蒂（Benedetti）、布鲁诺、伽利略和笛卡尔的作品，确实有着不间断的传统。（我自己也为这个传统的历史添加了一环。）[18] 但迪昂由此得出的结论仍然是一种幻觉：一场精心准备的革命仍然是革命。尽管伽利略本人在年轻时（有时也包括笛卡尔）赞同中世纪亚里士多

---

[16]　参见 *Études galiléennes*, part II, La loi de la chute des corps (Paris: Hermann, 1939)。

[17]　参见 Caverni, *Storia del metodo sperimentale in Italia*, 5 vols.(Firenze:1891-6)，尤其是 vols.IV and V; P. Duhem, *Le mouvement absolu et le mouvement relatif* (Paris:1905); "De l'accélération produite par une force constante", *Congrès International de l'histoire des sciences,Ille session* (Geneva:1906); *Études sur Leonard de Vinci: Ceux qu'il a lu et ceux qui l'ont lu*, 3 vols.(Paris: 1909-13)，尤其是 vol.III, *Les précurseurs parisiens de Galilée*. 关于连续性论题的最新支持，参见兰德尔（J. H. Randall, Jr）出色的文章 "Scientific Method in the School of Padua", *Journal of the History of Ideas* I (1940); 兰德尔令人信服地展示了文艺复兴时期伟大逻辑学家在教学中对"分解与合成"方法的逐步阐述。然而，兰德尔自己却说："扎巴雷拉（Zabarella）在方法论的表述中缺少一个要素：他并不认为自然科学的原理必须是数学的"（Ibid., p.204），克雷莫尼尼的《教育论》（*Tractatus de paedia*）"听起来像是亚里士多德理性经验主义伟大传统对扬扬得意的数学家发出的严肃警告"（Ibid.）。事实上，在我看来，正是这种"在扎巴雷拉的逻辑方法论中加入的数学重点"（Ibid., p.205）构成了17世纪科学革命的内容；在当时看来，也是柏拉图的追随者与亚里士多德的追随者之间的分界线。

[18]　参见 A. Koyré, *Études galiléennes*, part I, À l'aube de la science classique (Paris: Hermann, 1939)。

德批评者的观点并传授他们的理论，但现代科学（即从他的努力和发现中诞生的科学）**并未**遵循"伽利略的巴黎先驱"的启发；它立即将自己置于一个相当不同的层面，我愿意称之为"阿基米德的层面"。现代物理学的真正先驱既不是布里丹，也不是奥里斯姆，甚至不是菲洛波诺斯（John Philoponos），而是阿基米德。[19]

1

中世纪和文艺复兴时期的科学思想史（现在开始稍微为人所知）[20]可以分为两个时期。或者更好的办法是，由于时间顺序只是非常粗略地对应于这种划分，总的来说（grosso modo），科学思想史可以分为三个阶段或时代，依次对应于三种不同类型的思维：首先是亚里士多德的物理学；然后是**冲力**物理学，像其他思想一样，它也是由希腊人开创，并在 14 世纪由巴黎的唯名论者阐述；最后是现代的、阿基米德的或伽利略的数学物理学。

我们在伽利略青年时期的著作中看到的正是这些阶段，因此，这些著作不仅提供了关于他的思想的历史（或前史）信息，

---

[19]　16 世纪，至少是其后半叶，是一个学习、接受并逐渐理解阿基米德的时期。

[20]　我们对阿基米德的了解主要归功于迪昂的著作（在本章注释 17 引用的著作之外，还必须补充：*Les Origines de la statique*, 2 vols.[Paris: 1905], and *Le Système du monde*, 5 vols.[Paris: 1913-17]）以及林恩·桑代克的著作（参见 Lynn Thorndike, *History of Magic and Experimental Science*, 6 vols.[New York; 1923-41]）。另见 E. J. Dijksterhuis, *Wal en Worp* (Groningen:1924)。

关于支配和启发他的动机（mobiles）的信息，而且同时向我们
展示了一幅伽利略之前的物理学史的整体图景，这幅图景由其
作者令人钦佩的心灵所浓缩和澄清，而引人入胜和具有深刻的
指导意义。让我们从亚里士多德的物理学开始，简要地回顾这
个故事。

当然，亚里士多德的物理学是错误的，而且彻底过时了。
尽管如此，它仍然是一门"物理学"，也就是说，是一门高度成
熟的、非数学化的科学。[21] 它不是一种幼稚的幻想，也不是对
常识的简单重述，而是一种理论或学说，它当然是从常识材料
出发，但对它们进行极其连贯和系统的处理。[22]

作为这一理论阐述基础的事实或材料非常简单，而且在实
践中我们也像亚里士多德那样承认它们。在我们所有人看来，
一个重物"下落"是再"自然"不过的。如果我们看到一个重物（一
块石头或一头公牛）自由地升到空中时，我们也会像亚里士多
德或圣托马斯一样感到非常惊讶。这在我们看来是相当"不自
然的"，我们会用一些隐藏机制的作用来解释它。

同样，我们仍然认为火柴的火焰朝向"上方"是"自然的"，
我们把锅放在火焰"之上"。如果我们看到火焰倒转过来并朝向
"下方"，我们会感到惊讶并寻求一个解释。我们应该把这种观
念，或者说这种态度称为幼稚和简单吗？也许吧。我们甚至可

---

[21]　P. Duhem, "De l'accélération produite par une force constante", *Comptes rendus du IIe congrès international de philosophie* (Genava:1904).

[22]　现代科学思想史家往往不能充分理解亚里士多德物理学的体系化特征。

以指出，根据亚里士多德本人的说法，科学的开端正是为那些看起来很自然的事物寻找解释。然而，当热力学把"热"总是从热的物体传给冷的物体，而不是从冷的物体传给热的物体作为一项原理时，它难道不是在简单地转述一种常识的直觉（即"热"的物体会"自然"变冷，而冷的物体不会"自然"变热）吗？甚至当我们说一个系统的重心倾向于占据最低的位置，而不会自行上升时，我们不也只是在转述一种常识的直觉吗？这在亚里士多德物理学中是通过区分"自然"运动与"受迫"运动来表达的。[23]

此外，与热力学一样，亚里士多德物理学并不仅仅满足于用其自身的语言来表述刚才提到的常识的"事实"，而是对它们加以转换，"自然"运动与"受迫"运动的区分在物理实在的普遍概念中占有一席之地，这个普遍概念的首要特点似乎是：（1）相信存在着定性确定的"本性"；（2）相信存在着一个和谐整体宇宙，即相信存在着秩序本原，所有实在的存在物据此构成了一个等级分明、秩序井然的整体。

整体、宇宙秩序与和谐：这些概念意味着，在这样一个宇宙中，事物是（或应该是）按照某种确定的秩序分布和排列的；它们的位置并非无关紧要（无论是对它们，还是对这个宇宙）；相反，根据其本性，每个事物在宇宙中都有一个确定的、在某

23

[23] 参见 E. Mach, *Die Mechanik in ihrer Entwicklung*, 8th Ed.(Leipzig:Brockhaus, 1921), pp.124ff。

种意义上属于其自身的"处所"。[24] 每一个处所都为某一事物所有,每一个事物都处在自身的处所:"自然处所"的概念表达了亚里士多德物理学的这种理论要求。

"自然处所"的概念是基于一个纯粹静态的秩序观念。事实上,如果所有事物都"处在秩序之中",那么所有事物都会处在其自然处所,当然也会一直停留在那里。它为什么要离开那呢?恰恰相反,它将反抗任何驱赶它离开那里的企图。只能通过施加某种**强迫**(violence)才能迫使它离开,而物体一旦发现自己离开了"它的"处所,它总是会试图返回。

因此,每一次运动都意味着某种宇宙的失序、世界平衡的打破,要么是**强迫**的直接作用,要么相反,是存在物努力抵消**强迫**的作用,而恢复其失去的和被扰乱的秩序和平衡,使事物回到它们可以静止并一直停留的自然处所。正是这种对秩序的回归构成了我们所说的"自然"运动。[25]

打破平衡,回归秩序:显而易见,秩序构成了一种稳定而持久的状态,它倾向于无限持续下去。因此,没有必要解释静止状态,至少无须解释物体在其固有的自然处所的静止状态;它自身的本性就解释了这种静止,例如,地球静止地处在世界中心。同样明显的是,运动必然是一种暂时的状态:自然运动在达到其目标时就自然地结束。至于受迫运动,亚里士多德过

---

[24] 一个存在物只有处在"它的"处所时,才能实现完满,成为真正的自身。也正因如此,它总是趋向于到达那个处所。

[25] "自然处所"和"自然运动"的概念意味着有限宇宙的概念。

于乐观而不承认这种反常的状态可以一直持续下去；此外，受
迫运动是产生无序的无序，承认它可以无限持续下去，实际上
意味着放弃了一个秩序井然的宇宙观念。因此，亚里士多德坚
信：任何违反自然的事物都不能够持续存在（nothing which is
contra naturam possit esse perpetuum）。[26]

　　因此，正如我们刚才所说，在亚里士多德的物理学中，运
动本质上是一种暂时的状态。然而，从字面上看，这种说法是
不正确的，甚至是双重的不正确。事实上，尽管对于**每一个可
运动的物体**，或者至少对于月下界的那些物体（即我们经验中
的可运动事物）来说，运动是一种必然的过渡的和暂时的状态，
但对整个世界来说，它却是一种必然永恒的现象，因而也是一
种永恒必然的现象 [27]——如果不在宇宙的物理结构和形而上学
结构中发现其起源和原因，我们就无法解释这种现象。这样的
分析将表明，物质存在的本体论结构使其无法达到绝对静止概
念中所隐含的完美状态，并使我们能够在天体的连续、均匀和
永久的运动中看到月下界物体暂时的、短暂的和可变的运动之
最终物理原因。[28] 另一方面，严格地说，运动不是一种**状态**：
它是一种过程、一种流动（flux）、一种**生成**（becoming），事物

---

　　[26]　Aristotle, *Physique* (Paris: Société d'Édition des Belles Lettres,vol.I [books I-IV]
1952, vol.II [books V-VII] 1956). Aristotle, *The Physics* (Cambridge, Mass.: Harvard University
Press, 1952).

　　[27]　运动只能产生于先前的运动。因此，每一个实际的运动都意味着一系列无穷无
尽的前运动。

　　[28]　在有限的宇宙中，唯一可以无限持续的匀速运动是圆周运动。

在其中构成、实现和完善自身。[29] 诚然，"生成"以"存在"为目的，"运动"以"静止"为目标。然而，完全实现的存在的这种不变之静止与不能移动自身的存在的沉重和无能之静止完全不同；前者是肯定性的，是"完美和**实现**（actus）"，后者只是一种"匮乏"。因此，运动（**过程、生成、变化**）发现自己在本体论上被置于这两者之间。它是一切变化着的事物的存在，而这种存在又处于变化和改变之中，它只是在改变和修改自身。亚里士多德对运动的著名定义，即**潜能的存在作为潜能者的实现**（actus entis in potentia in quantum est in potentia，笛卡尔会发现这个定义完全无法理解）很好地表达了这一事实：除了上帝之外，所有事物都要通过运动来获得存在或**实现**。

25

因此，运动就是变化，**总是不同地有其自身**（aliter et aliter se habere），就是自身和相对于其他事物的改变。一方面，这意味着一个关系或比较的术语，相对于此，运动的事物改变了它的存在或关系；这意味着（如果我们处理的是位置运动 [30]）存在一个固定的点，运动的事物相对于它而运动，一个固定的不动的点显然只能是宇宙的中心。另一方面，每一个变化、每一个过程都需要一个原因来解释，这意味着每一个运动都需要一个引起运动的推动者，如果要让运动持续下去，就需要它来维

[29]　参见 Kurt Riezler, *Physics and Reality* (New Haven,1940)。

[30]　位置运动（Local movement, locomotion）只是"运动"（κίνησις）的一种，尽管是特别重要的一种，即空间领域的运动，不同于变化（alteration，性质的领域的运动）和生灭（存在领域的运动）。

持这个运动。运动确实不会像静止那样自动维持。静止是一种状态或一种匮乏，它不需要任何原因的作用来解释其持续。运动、变化、任何实现（或消亡）的过程，甚至持续的实现或消亡都离不开这种作用。如果取消这个原因，运动就会停止。**原因终止，结果便终止**（Cessante causa cessat effectus）。[31]

如果我们处理的是"自然"运动，它的原因或推动者就是这个物体的本性，是试图把它带回其处所的"形式"，这种本性或形式维持着物体的运动。与之相反，**违背自然**（contra naturam）的运动在其整个过程中需要一个与运动物体相联系的**外部推动者**的**持续**作用。移除这个推动者，运动就会停止。将它与运动物体分开，运动也同样会停止。正如我们所熟知的，亚里士多德不承认超距作用；[32] 根据他的观点，所有运动都是通过接触传递的。因此，这种传递只有两种形式：推和拉。要移动一个物体，你要么推它，要么拉它，没有其他方式。

亚里士多德的物理学因此形成了一个令人钦佩又完全融贯的理论，说实话，除了它是错误的，它只有一个缺陷，即它与日常实践相矛盾，尤其是与抛射体的实践相矛盾。但是，一个名副其实的理论家不会允许自己被一个来自常识的反驳所困扰。如果他遇到一个与他的理论不相符的"事实"，他就会否认它的存在；如果他不能否认它，他就会解释它。正是

[31] 亚里士多德是完全正确的。任何变化或生成的过程都需要一个原因。在现代物理学中，运动本身之所以能够持续存在，那是因为它不再是一个过程。

[32] 物体**趋向**它的自然处所，但它并不被自然处所**所吸引**。

在对这一日常事实的解释中——抛射体的事实，即一个在没有"推动者"的情况下仍在持续的运动，一个显然与他的理论不相容的事实——亚里士多德向我们展示了他的天才。他的回答包括用环境介质、空气或水的反作用来解释明显没有推动者的抛射体运动。[33] 这个理论是天才的杰作。不幸的是（除了它是错误的之外），从常识的角度来看，这完全是不可能的。因此，难怪对亚里士多德动力学的批评总是集中在同一个**疑问**（questio disputata）：**抛射体被什么东西推动**？（a quo moveantur projecta？）

2

我们稍后将回到这个**疑问**，但我们必须首先把注意力转向亚里士多德动力学的另一个细节：对真空的否定，以及对真空中的运动的否定。的确，在这种动力学中，真空不仅不能使运动更容易进行，反而会使运动变得完全不可能；这是出于非常深刻的原因。

我们已经说过，在亚里士多德的动力学中，每一个物体都被设想为具有一种停留在其自然处所，并且在它因受迫而被移开时回到那里的倾向。这种倾向解释了它的（自然）运动：这种运动以最短和最快的方式把它带到它的自然处所。因此，每

---

[33]　参见 Aristotle, *Physics*, IV, 8, 215a; VIII, 10, 267a; *De Coelo*, III, 2, 310b; E. Meyerson, *Identité et réalité* (Paris:Alcan 1926), p.84, 3rd Ed.。

一个自然运动都是沿直线进行的，每一个物体都尽可能快地（即以阻碍和反对它运动的周围环境所能允许的最快速度）回到它的自然处所。因此，如果没有任何东西阻止它，如果它在其中运动的介质对它没有任何阻力（比如在真空中的情况），物体将以无限的速度回到"它的"处所。[34] 但这种运动将是瞬间的，而在亚里士多德看来（不无道理），这是完全不可能的。结论是显而易见的：任何（自然）运动都不可能在真空中发生。至于受迫运动，例如抛射，在真空中的运动相当于一种没有推动者的运动；真空显然不是一种物理介质，它既不能接受运动，也不能传递和维持运动。此外，在真空中（比如在欧几里得几何学的空间中）既没有特权处所，也没有特权方向。在真空中没有，也不可能有"自然"处所。因此，被置于真空中的物体将不知道要往何处去，它没有任何理由向一个方向而不是向任何其他方向运动，因此也就没有任何理由运动。**反之**，一旦运动，它就没有理由停在此处而不是彼处，因此它也就没有理由停下来。[35] 这两种情况都是完全荒谬的。

亚里士多德又一次完全正确。一个空无一物的空间（几何学的空间）将会彻底摧毁宇宙秩序的观念：在一个空无一物的空间里，不仅没有自然处所，[36] 而且根本就没有任何**处所**。

[34] 参见 Aristotle, *Physics*, VII, 5, 249b, 250a; *De Coelo*, III, 2, 301e。

[35] 参见 Aristotle, *Physics*, IV, 8, 214b; 215b。

[36] 如果愿意，我们也可以说，在真空中，所有处所都是各种物体的自然处所。

真空的概念与将运动解释为变化和过程是不相容的，也许甚至与具体的、"真实的"、可感知的物体的具体运动概念也是不相容的：我指的是我们日常经验中的物体。真空是一种**非存在**（non ens）；[37] 把事物放在这样一种**非存在**之中是荒谬的。[38] 只有几何物体才可以被"置于"几何空间中。

物理学家研究真实的事物，而几何学家则对抽象的事物进行推理。因此，亚里士多德认为，没有什么比把几何学和物理学混为一谈，并把纯几何学方法和推理应用于物理实在的研究更危险了。

<h2 style="text-align:center">3</h2>

我已经提到，尽管（也许正是因为）亚里士多德的动力学在理论上是完美的，却有一个重大缺陷：对朴素合理的常识来说是完全不可思议、难以置信和不可接受的，并且明显与最普通的日常经验相矛盾。因此，难怪它从未得到普遍承认，而且亚里士多德动力学的批评者和反对者总是用"运动物体脱离其原始推动者后仍然能够持续运动"这一常识事实来反驳它。因此，这种运动的经典例子，例如轮子的持续转动、箭的飞行、石头的抛射，都被不断地用来反对它，从希帕克斯（Hipparchus）

28

---

[37] 康德称真空为"荒谬的"（Unding）。

[38] 我们知道，这是笛卡尔和斯宾诺莎的观点。

和菲洛波诺斯开始，到布里丹和奥里斯姆，直到达·芬奇、贝内代蒂和伽利略。[39]

我不打算在这里分析自菲洛波诺斯以来，[40] 他的动力学的支持者们一直在重复的传统论证。**总的来说**，它们可以被分为两组：（1）第一组的论证是物质的，强调通过空气的反作用来推动一个又大又重的物体、一颗子弹、一个转动的磨盘、一支逆风飞行的箭的假设是不可能的；（2）其他的论证是形式的，并指出了赋予空气双重作用（既是阻力，又是推动者）的矛盾，以及整个理论的虚幻特征，它只是将问题从物体转移到空气，事实上，它不得不赋予空气在与外部原因分离的情况下也能维持自身运动的能力，而拒绝赋予其他物体这样的能力。他们问道：如果是这样，为什么不假定推动者向受动者传递或印入使

---

[39]　关于中世纪批判亚里士多德的历史，参见本章注释 17 所引用的著作，以及 B. Jansen, "Olivi, der älteste scholastische Vertreter des heutigen Bewegungsbegriffes", *Philosophisches Jahrbuch* (1920); K. Michalsky, "La physiq ue nouvelle et les différents courants philosophiques au XIVe siècle", *Bulletin international de l'Academie polonaise des sciences et des lettres* (Cracow: 1927)；S. Moser, *Grundbegriffe der Natur philosophie bei Wilhelm von Occam* (Innsbruck: 1932)；E. Borchert, *Die Lehre von der Bewegung bei Nicolaus Oresme* (Munster:1934)；R. Marcolongo, "La Meccanica di Leonardo da Vinci", *Atti della reale accademia delle scienze fisiche e matematiche*, XIX (Naples: 1933)。

[40]　菲洛波诺斯似乎是冲力理论的真正发明者，参见 E. Wohlwill, "Ein Vorganger Galileis im VI.Jahrhundert", *Physicalische Zeitschrifi*, VII (1906)，和 P. Duhem, *Le Système du Monde*, I. 但阿拉伯人对它却非常熟悉，阿拉伯传统直接或通过阿维森纳的翻译似乎对"巴黎学派"产生了迄今未曾察觉的影响。参见 S. Pines, "Études sur Awhad al-Zamān Abu› l Barakat al-Baghdadi", *Revue des Emdes Juives* (1938)。

它能够运动的某种东西呢？他们将这种东西称为"δυναμις"、动质（virtus motiva）、被印入的力（virtus impressa）、冲力（impetus）、被印入的冲力（impetus impressus），有时是力（forza）或甚至运动（motio），它总被认为某种能力或力量，从推动者传递给受动者，然后使运动持续下去，甚至是作为运动的原因而产生运动。

显然，正如迪昂本人所承认的那样，我们又回到了常识。**冲力**物理学的拥护者是通过日常经验来思考的。难道我们不清楚需要一种**努力**、一种运用和一种力的消耗，才能使物体运动吗？例如，推动一辆马车沿着它的路线行驶、投掷一块石头或拉弯一张弓。正是这种力推动物体，或者更确切地说，是它使物体运动，难道这还不清楚吗？物体不正是从推动者那里得到的这种力，使它能够克服阻力（如空气的阻力）并撞击障碍物吗？

中世纪**冲力**动力学的追随者对**冲力**的本体论地位进行了长时间的讨论，却徒劳无功。他们试图把它纳入亚里士多德的范畴中，将其解释为某种**形式**，或一种**习惯**（habitus），或一种像热一样的性质（比如希帕克斯和伽利略）。这些讨论只能表明这个概念的混乱性和想象性，它是常识的直接产物，或者可以说是对常识的提炼。

因此，它甚至比亚里士多德的观点更符合"事实"（无论是真实的，还是想象的），这些"事实"构成了中世纪动力学经验基础；特别是符合众所周知的"事实"：每个抛射体开始时都会

加速，并在与推动者分离一段时间后获得其最大速度。[41] 每个 30
人都知道，要跳过一个障碍物，就必须"助跑"；一个人推着或
拉着的一辆马车，启动时速度很慢，然后逐渐地加速；它也通
过助跑来获得动量；就像每个人（甚至一个踢球的小孩）都知
道，为了狠狠地击中目标，他必须让自己处在离目标有一定距
离的位置，而不是太近，以便使球获得动力。**冲力**物理学解释
这种现象并不费力；从它的角度来看，**冲力**需要一定的时间才
能"掌控"**运动物体**（mobile），这是非常自然的，正如热量渗
透物体中也需要时间一样。

　　作为基础来支持**冲力**物理学的运动概念与亚里士多德的观

---

[41]　有趣的是，亚里士多德（*De Coelo*, II, 6）所分享和教导的这一荒谬信念是如此根
深蒂固和被普遍接受，以至于笛卡尔本人都不敢断然否认它，而是像他经常做的那样，宁愿
对此加以解释。1630 年，他写信给梅森："我还想知道，您是否用弹弓、火枪或弩投掷的石
块做过实验，它们在运动的中途是否比开始时更快，力量更大，效果也更明显。因为这是一
般人的看法，但我的理性却不同意这种看法；我发现被推动的东西，如果不是自己移动的，
开始时的力量一定比后来的力量大。"1632 年和 1640 年，他再次向他的朋友解释了这种正
确的信念："**就抛射运动而言**，我并不认为，从停止用手或机器推动的那一刻起，子弹在开
始时的速度会比结束时的速度慢；但我确实相信，离墙只有一英尺半的火枪，其效果不如
离墙十五或二十步远的火枪，因为当子弹离开火枪时，不容易排出它与墙之间的空气，所以
速度肯定不如那么靠近墙的火枪快。不过，这种差别是否明显要靠经验来判断，我对自己
没有做过的所有实验都表示怀疑。"

　　相反，笛卡尔的朋友贝克曼（Beekmann）却断然否认抛射体加速的可能性，并写
道（*Bcekmann à Mersenne*，1630 年 4 月 30 日，参见 *Correspondance du Père Mersenne*, II
[Paris:1936], p. 437）："而所有那些投石者和小孩子们，他们认为扔出的更远的东西比那些
更近的东西击得更有力，这当然一定是错误的。"然而，他承认，这种信念中一定有一
些真实的东西，并试图解释："我不会说过于充厚的空气阻碍了炮弹的效果，但炮筒之外
已经存在的火药仍可能会被稀释，由此可能发生的是，炮筒外的炮弹被一种新的力（至少
是类似的东西）推动，其速度会增加一段时间。"

点截然不同。运动不再被理解为一个实现的过程；但它仍然是一种变化，因此它必须由一个明确的力量或原因的作用来解释。冲力只是产生运动的内在原因，**反之**（converso modo），运动是冲力产生的效果。因此，**被印入的冲力产生**运动；它**推动**物体。但同时它还起着另一个非常重要的作用：它克服了介质对运动的阻力。

由于**冲力**概念的混乱和模糊性，这两个方面和作用相当自然就会混为一谈，而且一些**冲力**动力学的支持者会得出这样的结论：至少在某些特殊情况下，如天球的圆周运动，或者，更广泛地说，圆形物体在水平面上的滚动，或者再广泛地说，在所有运动没有外部阻力的情况下，例如在**真空**中，**冲力**不会减弱，而是保持"不灭"。这似乎与惯性定律相当接近，因此，特别值得注意的是，伽利略本人在他的《论运动》（De Motu）中为我们提供了对**冲力**动力学的最佳阐述的一种，他坚决否认这种假设的可能性，并最有力地主张**冲力**的本质上必定会消亡。

伽利略显然完全正确。如果运动被理解为**冲力**（这种冲力被视为内在原因，而非自然原因）的结果，那么不承认产生运动的原因或力必然会在这种产生过程中消耗并最终耗尽自己，就是不可想象的，也是荒谬的。它不可能在两个连续的时刻保持不变，因此，它所产生的运动必然会减慢并最终停止。[42]

31

---

[42] 参见 De Motu Gravium in Le Opere di Galileo Galilei, I (Firenze:Edizione Nazionale, 1898), pp.314 ff。

因此，我们从青年时期的伽利略那里学到了一个非常重要的教导。他告诉我们，**冲力**物理学虽然与**真空**中的运动相容，但它和亚里士多德的物理学一样与惯性原理**不相容**。而这并不是伽利略在**冲力**物理学方面所给出的唯一教导。第二个教导至少和第一个教导一样有价值，它表明，与亚里士多德的观点一样，**冲力**动力学与数学处理是不相容的。它不会通向任何地方，它是一条死胡同。

在菲洛波诺斯与贝内代蒂之间的一千年里，**冲力**物理学几乎没什么进展。但在后者的作品中，甚至在青年时代的伽利略的作品中，我们发现——在"超人阿基米德"[43]的明显无误的影响下，他坚定地试图将"数学哲学"的原理应用于这种物理学。[44]

没有什么比研究这种努力（或者更确切地说，这些努力）和它们的失败更有启发性。它们向我们表明，不可能将粗糙、模糊和混乱的**冲力**概念数学化，也就是说，不可能将其转化为精确的数学概念。为了按照阿基米德静力学的思路建立一门数学物理学，就必须完全抛弃这个概念。[45]必须建立和发展一个新的、原创性的运动概念。我们将这个新概念归功于伽利略。

---

[43]　参见 *De Motu Gravium* in *Le Opere di Galileo Galilei*, I (Firenze: Edizione Nazionale, 1898), p.300。

[44]　J. B. Benedetti, *Diversarum speculationum mathematicarum liber* (Taurini: 1585), p.168.

[45]　伽利略和他的学生们，甚至牛顿都使用了"冲力"这个术语，但术语的持续并不妨碍我们认识到这种观念的消失。

4

我们对现代力学的原理和概念太过熟悉，或者说太习以为
常，以至于我们几乎不可能看到为建立这些原理和概念所必须
克服的困难。对我们来说，它们是如此简单，如此自然，以至
于我们没有注意到它们所暗示和包含的悖论。然而，人类最伟
大和最强大的思想家——伽利略和笛卡尔——为了使它们成为
自己的概念而不得不为此斗争，这一事实本身就足以表明，这
些清晰而简单的概念——运动概念或空间概念——并不像它们
看起来那么清晰和简单。或者说，它们只是从某个角度来看，
只有作为一组概念和公理的一部分时，才是清晰和简单的，
除此之外，它们一点也不简单。或者，也许它们太过清晰和简
单，以至于像所有初始概念一样非常难以掌握。

运动、空间——让我们试着暂时忘记在学校学到的一切；
让我们试着思考它们在力学中的含义。让我们试着把自己放在
伽利略同时代人的位置上，一个习惯于在经院学派那里学到亚
里士多德物理学概念的人，第一次遇到了现代的运动概念。它
是什么呢？事实上是非常奇怪的东西。这种东西丝毫不影响被
赋予它的物体：运动还是静止，对处于运动或静止的物体都没
有任何区别，也不会产生任何变化。物体本身对这两种情形完
全是中立的。[46] 因此，我们无法将运动归于一个确定的物体本

---

[46] 在亚里士多德物理学中，运动是一个变化的过程，并始终影响着运动中的
物体。

身。一个物体只有在它与其他物体——某个我们假定为静止的其他物体——的关系中才是运动的。因此，我们可以**任意地**（ad libitum）把运动归于这两个物体中的任何一个。所有的运动都是相对的。[47]

因此，运动似乎是一种关系。但它同时也是一种**状态**，就像静止是与前者完全、绝对对立的另一种**状态**；此外，两者都是**永恒的状态**。[48] 著名的运动第一定律（即惯性定律）告诉我们，一个物体会一直保持其运动状态或静止状态，而我们必须施加一个力，才能将运动状态变为静止状态，**反之亦然**。[49] 然而，并不是每一种运动都具有永恒的存在，而只是在一条直线上的均匀运动才会如此。正如我们所知，现代物理学断言，一个物体一旦开始运动，就会一直保持其方向和速度，当然，前提是它不受任何外力的作用。[50] 此外，尽管亚里士多德熟悉永恒运动，即天体的永恒圆周运动，但他从未遇到过持续的直线运动；对于这个反驳，现代物理学的回答是：没错！匀速直线运动根本是不可能的，只能在真空中发生。

33

---

[47] 因此，一个给定的物体可以有多种不同的运动，但这些运动互不干扰。在亚里士多德物理学和**冲力**物理学中，每个运动都会干扰其他运动，有时甚至会阻止其他运动的发生。

[48] 因此，运动和静止被置于同一本体论层面，所以**运动**的持续性变得和以前**静止**的持续性一样不言自明，无须解释。

[49] 用现代术语来说：在亚里士多德和**冲力**动力学中，力产生运动；在现代动力学中，力产生加速度。

[50] 这必然意味着宇宙的无限性。

让我们仔细想想，也许我们就不会过于苛责亚里士多德主义者，因为他们觉得自己无法掌握和接受这个闻所未闻的概念，无法掌握一个永恒的实体－关系状态的概念，这个概念对他们来说似乎就像经院学者们命运多舛的实体形式在我们看来一样晦涩难懂和难以置信。用不可能的东西来解释实在，或者说，用数学的存在来解释真实的存在，这是一回事，因为正如我已经提到的，这些在无限真空中直线运动的物体并不是在真实空间中运动的真实物体，而是在**数学**空间中运动的**数学**物体；难怪亚里士多德主义者觉得自己对这种惊人尝试感到惊讶和困惑。

再一次，我们如此习惯于数学科学，习惯于数学物理学，以至于我们对于以数学方式来处理存在，以及伽利略声称自然之书是用几何符号写成的这种看似矛盾的大胆说法不再感到有什么好奇怪的。[51] 对我们来说，这是一个注定的结论。但对伽利略的同时代人来说却并非如此。因此，数学科学的正当性和对自然进行数学解释的正当性，与常识和亚里士多德物理学的非数学解释之间的对立比两个天文学体系之间的对立更加重要，前一个对立构成了《两大世界体系的对话》真实的主题。

---

[51] *Il Saggiatore* in *Le Opere di Galileo Galilei*, VI (Firenze:Edizione Nazionale, 1898), p.232，其中写道："哲学被写在宇宙这部永远在我们眼前打开的大书上，但只有在学会并且掌握书写它的语言和符号之后，我们才能读懂这本书。它是用数学语言写成的，符号是三角形、圆和其他几何图形，没有它们，我们连一个字也读不懂。"参见 *Letter to Liceti* of Jan.11,1641 (Ibid., XVIII, p.293)。

事实上，正如我在《伽利略研究》中所表明的那样，《对话》与 34
其说是一部**科学**著作，不如说是一部哲学著作——或者，更准
确地说，采用一个已被废弃但历史悠久的术语，是一部**自然哲
学**著作——原因很简单，天文学问题的解答取决于新物理学的
构成；而这又取决于对数学在自然科学的构成中所起的作用这
个**哲学**问题的解答。

数学在科学中的作用和地位实际上并不是一个非常新的
问题。恰恰相反：两千多年来，它一直是哲学思考、探索和
讨论的对象。伽利略也完全意识到了这一点。这毫不奇怪！甚
至在他作为比萨大学学生的青年时代，他就从其老师弗朗西斯
科·博纳米奇（Francesco Buonamici）的讲座中了解到，关于
数学的作用和本质的"疑问"构成了亚里士多德和柏拉图之间
的主要对立。[52] 几年后，在他回到比萨任教后，他可以从他的 35

---

[52] 博纳米奇的这部巨著（对开本 1011 页）是研究中世纪运动理论的宝贵资料。虽
然研究伽利略的历史学家们经常提到这本书，但他们从未使用过它。这本书极为罕见。因
此，我会大段地引用它。佛罗伦萨人、比萨大学哲学专任（ordinarius）首席教授弗朗西斯
科·博纳米奇《论运动十书，其中包含以最精深的研究集合起来的一般自然哲学》的第
十卷第 11 章之"按照规则，数学是否要从诸科学的秩序中被排除"写道："由此，数学就
好似牧师（minister），它不值得夸耀，而是被看作预备教育（προπαιδεία），即为了其他学科
而被准备好的。也是首要地出于这个原因，它看起来才不提到关于善的事情。的确，所有
善都是目的，而目的是某些东西的实现（actus）。所有的实现都伴随着运动变化（motus）。
但数学却不考虑运动变化。这是我们加上去的。所有科学都是从它们自己中（ex propriis）
产生的：任何事物，当它在其自身（per se）归属于自身（ipsum inesse），就必然是自己
的（propria）。然而数学却没有这样的本原（principia）……没有一个种类的原因是它把
握的……因为所有原因都是通过运动变化来定义的：效力因是运动变化的本原，目的
因是运动变化为了什么，形式因和质料因是本性（natura）；所以若有本原，（转下页）

朋友和同事雅克波·马佐尼（Jacopo Mazzoni，他曾写过一部论述柏拉图和亚里士多德之间关系的著作）那里了解到，"没有任何其他问题比以下问题更能引起崇高而杰出的思辨……在物理科学中使用数学作为证明的工具和论证的中项是否合适的问题；换句话说，它是否给我们带来一些益处，还是反而会带来危险和害处"。"众所周知"，马佐尼说："柏拉图认为数学特别适合用于物理研究，因此他自己多次借助数学来解释物理学的奥秘。但是，亚里士多德却持有完全相反的观点，并将柏拉图的错误归因于他对数学的过分沉迷。"[53]

———————————

（接上页）就必然有运动变化。然而数学却是不变的（immobilia）。因此这里也就不存在任何一种原因。"（Francisci Bonamici, *De Motu, libri X,quibus generalia naturalis philosophiae principia summo studio collecta continentur* [Florentiae:1591], lib.X, cap. XI. p.56）在该书同一节中亦写道："尽管数学是从对我们所知的东西和本性出发，并同时也完成了它所欲求的，但它被放在其他证明之前只是出于清晰（perspicuitas），因为它处理的那些东西本身的性质（vis）并不是非常高尚。显然，其中某些东西是偶然的（accidentia），即那些只是从属于，并被量（quantus）所规定才具有的实体的理据（ratio）；但反过来说，其中也会考虑某些存在于本性中的东西。不过，我们也发现关于心智（ingenium）有这样几件事：它并不将自己应用于确定的质料，也不探究运动，因为伴随着运动而存在的东西，每一样也都在本性中存在；它的运作（opus）是通过抽象（abstractio）的帮助，在其效劳之中，我们思考那些处在无法被把握的运动中的东西；而既然这是在本性上就属于它的那类东西，就不会产生任何荒谬。此外，这件事也是被确认的：心灵在所有习性（habitus）中都是道出真实的（verum）；然而真实是从事物如此这般所是而来的。至此我们接近了亚里士多德所区分的，不从概念的理据（ratio notionum）而从存在（ens）而来的科学。"（Ibid., p.54）

[53] Jacobi Mazzoni, *In Universam Platonis et Aristotelis Philosophiam Praeludia,sive de comparatione Platonis et Aristotelis* (Venetiis: 1597),pp.187ff. 在该书中马佐尼写道："论辩在物理学中数学的使用是有益还是有害的，及柏拉图与亚里士多德在此的比较。在柏拉图与亚里士多德之间，问题或差异是从如此优美、最为高尚的思辨中生发出来的，以至于在其中，没有什么最细微的部分是不能做比较的。而这里存在一个差异是，数学在物理（转下页）

由此可见，对于那个时代的科学和哲学意识来说（博纳米奇和马佐尼只是表达了共同的观点 [communis opinio]），亚里士多德主义者与柏拉图主义者之间的对立或界线是非常清晰的。如果一个人宣称数学具有优越地位，如果他赋予数学真实的价值和在物理学中的主导地位，那么他就是一个柏拉图主义者。相反，如果一个人将数学视为一门抽象科学，因此它的价值不如那些处理真实存在的物理学和形而上学；如果他尤其声称物理学必须直接建立在感知的基础之上，无需经验之外的其他基础，而数学必须满足于仅仅是辅助性的次要和附属地位，那么他就是一个亚里士多德主义者。

这里所涉及的不是确定性（没有任何一个亚里士多德主义者会怀疑几何命题或几何证明的确定性），而是存在；甚至不是数学在物理科学中的运用（没有任何一个亚里士多德主义者会否认测量各种可测之物和计算各种可计算之物的正当性），而是科学的结构，因此也是存在的结构。

36

（接上页）科学中的使用是适当的，也就是证明过程中的理据（ratio probandi）和证明的中项，还是不适当的；也即，这会带来某些益处，还是伤害和损失。柏拉图相信数学是适于物理学思辨的。正因如此，在各处数学都被引入来揭开物理学的谜团。亚里士多德看起来却觉得完全相反，并把柏拉图的错误归于对数学的爱……但假如有人愿意更勤勉地思考这件事，或许他就会发现对柏拉图的辩护，看到亚里士多德撞上了几块错误的石头，因为在某些地方，数学证明与他自己的考量是非常一致的，要么是他没有理解，要么是他没有确切地运用数学。我将很简要地展示这两条结论，其一是对柏拉图的保卫，其二是亚里士多德在拒斥数学时不幸犯下的错误。"

伽利略在《对话》中不断提到这些讨论。因此，在一开始，亚里士多德主义者辛普里丘（Simplicio）就指出："在自然事物之中，我们不应该总是寻求数学证明的必然性。"[54] 对此，有意误解辛普里丘的萨格雷多（Sagredo）回答说："在我们做不到的情况下，您说的当然没错。但是，如果我们能够获得这种证明，那么为什么不呢？"的确如此。如果在与自然事物有关的问题上有可能实现具有数学必然性的证明，我们为什么不尝试去做呢？但这有可能做到吗？这正是问题所在。伽利略在这本书的页边注中对讨论进行了总结，并将这位亚里士多德主义者的真实意图表述为："在自然证明中，我们不能寻求数学上的精确性。"

为什么不呢？因为这是不可能获得的。因为物理存在的本性是定性的和模糊的，它不符合数学概念的严格性和精确性，它总是"或多或少"。因此，正如这位亚里士多德主义者稍后将向我们解释的那样，哲学（即关于实在的科学）不必关注细节，也不必在制定其运动理论时寻求数的确定性；它所要做的就是发展其主要范畴（自然、受迫、直线、圆周）并描述其定性和抽象的普遍特征。[55]

这可能远远没有让现代读者信服。他很难承认，"哲学"必须满足于抽象和模糊的概括，而不是试图建立精确和具体的普

---

[54] 参见 Dialogo sopra i due Massimi Sistemi del Mondo, in Le Opere di Galileo Galilei, VII (Firenze:Edizione Nazionale,1898), pp.38, 256。

[55] Ibid. p.242.

遍定律。现代读者并不清楚必须要这样做的真正原因，但伽利略的同时代人却很清楚这一点。他们知道，性质与形式在本质上是非数学的，不能用数学来处理。物理学不是应用几何学。地界物质永远不可能表现出精确的数学图形，"形式"从来不可能完全和完美地"赋予"它。鸿沟始终存在。当然，在天空中，情况有所不同；因此，数学天文学是可能的。但天文学不是物理学。忽视这一点恰恰是柏拉图及其追随者的错误之处。试图建立一门数学的自然哲学是无用的，这项事业甚至在开始之前就已经注定要失败。它不会把我们引向真理，而是引向错误。

　　"所有这些数学上的精妙之处"，辛普里丘解释说："**抽象地说**（in abstracto）是真的。但应用于可感的和物理的质料时，它们就无法发挥作用"。[56] 在真实的自然中，并没有圆、三角形和直线。因此，学习数学图形的语言是无用的：尽管有伽利略和柏拉图，但自然之书并不是用它们写成的。事实上，这不仅是无用的，而且是有害的：一个人的心灵越是习惯于几何思想的精确性和严格性，就越是不能掌握存在之流变的、变化的、定性的多样性。

　　这位亚里士多德主义者的这种态度绝非荒唐。[57] 至少在我看来，它是完全有道理的。亚里士多德就以无法建立一个关于性质的数学理论，甚至无法建立一个关于运动的数学理论来反

---

[56] *Le Opere di Galileo Galilei*, pp.229, 423.

[57] 正如我们所知，帕斯卡甚至莱布尼茨也赞同这种观点。

驳柏拉图。在数中没有运动。但是，**"不理解运动，就不理解自然"**。伽利略时代的这位亚里士多德主义者还会补充说，最伟大的柏拉图主义者（**即神圣的阿基米德本人** [58]）从来都只能建立一种静力学，而不是动力学。一个关于静止的理论，而不是关于运动的理论。

这位亚里士多德主义者是完全正确的。不可能提供一个关于性质的数学演绎。我们知道，和笛卡尔一样，伽利略后来也是出于同样的原因被迫放弃性质的概念，宣布它是主观的，从而将其赶出自然领域。[59] 这同时意味着，他不得不放弃作为知识来源的感官知觉，并宣布理智，甚至**先验**知识，是我们理解实在本质的唯一方式。

38　　至于动力学和运动定律——**可能**（posse）只能通过**存在**（esse）来证明；为了证明建立自然的数学定律是可能的，就必须做到这件事，而别无他途。伽利略完全意识到了这一点。因此，他通过对具体的物理问题（落体问题、抛射运动问题）给出数学解决方案，使辛普里丘承认，"想不通过数学来研究自然问题，就是在试图做一些根本做不到的事情"。

在我看来，我们现在能够理解卡瓦列里这段文字的深刻含义，他在 1630 年的《取火镜》（*Specchio Ustorio*）中写道："著名的毕达哥拉斯学派和柏拉图学派都认为，数学科学的知识对

---

[58]　值得一提的是，就整个希腊传统而言，阿基米德是一位柏拉图学派的哲学家。

[59]　参见 E. A. Burtt, *The Metaphysical Foundations of Modern Physical Science* (London and New York: 1925)。

于理解物理事物极为必要，我希望随着伽利略·伽利雷这位最杰出的自然试金者承诺的新运动科学的出版，很快就会清楚这些知识到底增加了多少。"[60]

我们也能够理解伽利略作为柏拉图主义者的自豪。他在《两门新科学》中宣布："他将推进一门全新的科学，它所处理的是一个最古老的主题"，并将证明一个至今还没有人证明过的结论，即落体的运动服从一个数的定律。[61] 数支配运动；这位亚里士多德主义者的异议终于被驳倒了。

显然，对伽利略的学生来说，就像对他的同时代人和前辈们一样，数学主义意味着柏拉图主义。因此，当托里切利告诉我们"在自由学科中，**只有几何学能锻炼和磨炼人的心灵**，使其在和平时期能够装点城市，在战争时期能够保卫城市"，以及"**在其他条件相同的情况下**（caeteris paribus），在几何学体操中训练出来的心灵会被赋予一种相当特殊和**强大的**（virile）力量"，[62] 他不仅表明自己是柏拉图的忠实信徒，而且承认并宣称了这一点。在这样做的时候，托里切利仍然是他的导师伽利略的忠实弟子，伽利略在《对哲学训练的答复》（*Response to*

39

---

[60]　Bonaventura Cavalieri, *Lo Specchio Ustorio overo trattato Delle Settioni Coniche e alcuni loro mirabili effetti intorno al Lume* etc. (Bologna:1632), pp.152ff.

[61]　*Discorsie dimostrazioni mathematiche intorno adue nuove scienze,* in *Le Opere di Galileo Galilei,* VIII (Firenze: Edizione Nazionale, 1898), p.190. 其中写道："因为据我所知没有人证明过，一个从静止下落的运动物在相等时间内完成的距离，其相互保持着从1开始的相继的奇数之比。"

[62]　Evangelista Torricelli, *Opera Geometrica*, II (Florentiae:1644), p.7.

the Philosophical Exercitations）中对安东尼奥·罗科（Antonio
Rocco）说，请他自己判断纯物理的经验方法与数学方法这两种
对立方法的价值，并补充说："请决定一下谁的推理更正确，是
曾说过没有数学就不能理解哲学的柏拉图，还是指责柏拉图过
度沉迷于几何学研究的亚里士多德。"[63]

　　我刚才把伽利略称为一个柏拉图主义者。我相信，没有人
会怀疑这一点。[64] 此外，他自己也这么说。在《对话》的第一页，
辛普里丘提醒我们，伽利略作为一个数学家，可能会倾向于毕
达哥拉斯学派关于数的思辨。这使伽利略宣称，他认为这些思
辨完全没有意义，并同时说："我非常清楚，毕达哥拉斯学派对
数的科学极为推崇，柏拉图本人也很欣赏人类的理智，认为它

---

[63]　*Esercitazioni flosofiche di Antonio Rocco, in Le Opere di Galileo Galilei* (Firenze:
Edizione Nazionale, 1898), VII, p.744.

　　[64]　一些现代科学史家和哲学史家或多或少地清楚认识到伽利略的柏拉图主义。因
此，《对话》德译本的作者注意到柏拉图主义对这本书形式本身的影响（参见 G. Galilei,
Dialog iber die beiden hauptsdchlichsten Weltsysteme [Leipzig:1891], p.XLIX）；卡西尔坚
持认为伽利略的知识观是柏拉图主义的（*Das Erkenntnisproblem in der Philosophie und
Wissenschaft der neuren Zeit*, 2nd Ed., I [Berlin:1911], pp.389）；奥尔什基谈到了伽利略的"柏
拉图主义自然观"（*Galileo und seine Zeit* [Leipzig: 1927]）；等等。在我看来，伯特的《现代
物理科学的形而上学基础》对现代科学的形而上学结构（柏拉图主义的数学主义）作了最
好的阐述（E. A. Burtt, *The Metaphysical Foundations of Modern Physical Science* [New York:
1925]）。遗憾的是，伯特没有认识到有两种（而不是一种）柏拉图主义传统，其中一种是
神秘主义的数秘学传统，另一种是数学科学传统。同样的错误在伯特那里只不过是一个
轻微的瑕疵，但在他的批评者斯特朗的《程序与形而上学》（E. W. Strong, *Procedures and
Metaphysies*, [Berkeley,Cal.:1936]）中却成为一个致命的错误。关于两种柏拉图主义的区别，
参见 L. Brunschvicg, *Les Etapes de la philosophie mathématique* (Paris:1922), pp.69 ff, 以及 *Le
progrès de la conscience dans la philosophie occidentale* (Paris:1937), pp.37 ff.

之所以能分有神性，完全是因为它能够理解数的本性。而我自 40
己也很倾向于做出同样的判断。"[65]

他怎么可能会有不同的看法呢？他难道不认为在数学知识
方面，人类的心灵达到了神的理解所拥有的完美程度？他说：
"在**广度**上，也就是在要认识的事物的无限多样性方面，人的心
灵微不足道（即使它理解一千个命题，但一千与无限相比还是
相当于零）：但是，如果从**深度**上考虑理解，就这个词的意思是
深入地掌握，即完美地掌握一个给定的命题而言，我认为，人
的心灵对一些命题的理解和掌握，就像大自然本身一样完美，
一样具有绝对确定性；属于这种情况的是纯数学科学，即几
何学和算术。神的理智当然知道无限多的命题，因为他无所不
知；但对于人类理智所理解的少数命题，我认为我们的知识在
客观确定性方面等同于神的知识，因为它成功地理解了它们的
必然性，除此之外似乎不可能存在更大的确定性。"[66]

伽利略可以补充说，人类的理解力是上帝的杰作，它从一
开始（ab initio）就拥有这些清晰而简单的观念，而这些观念的
简单性正是真理的保证，它只需转向自身，以便在其"记忆"
中找到科学和知识的真正基础，即上帝创造自然所使用的语言
（数学语言）的要素——字母表。在那里可以找到**真实**科学的
真正基础，一门关于**真实**世界的科学，而不是一门被赋予了纯

---

[65]　*Dialogo sopra i due Massimi Sistemi del Mondo*, in *Le Opere di Galileo Galilei*, VII
(Firenze: Edizione Nazionale, 1898), p.35.

[66]　Ibid., pp.128 ff.

形式的真理的科学，其真理即数学推理和演绎的内在真理，这种真理不会受到它所研究的对象在自然中存在与否的影响：显然，伽利略与笛卡尔都不会满足于这样一个真实科学和知识的仿制品（Ersatz）。

伽利略宣称，这门科学是真正的"哲学"知识，是对存在的本质的认识："我对您说，如果一个人自己不知道真理，其他人就不可能教给他这种知识。教授那些既不真也不假的东西是可能的；但真的东西，我指的是必然的东西，也就是那些不可能是其他情况的东西，每个普通人要么自己知道，要么不可能认识它们。"[67] 当然如此。一个柏拉图主义者不可能有不同的看法，因为对他来说，认识不外乎是理解。

伽利略作品中大量提及柏拉图的典故，反复提到苏格拉底助产术和回忆说，这并非他为了迎合文艺复兴时期对柏拉图的关注而继承的文学模式所产生的肤浅的点缀。它们也不是为了给新科学争取"普通读者"，这些人早已厌倦亚里士多德主义经院哲学的枯燥乏味；也不是为了用亚里士多德的老师和对手柏拉图的权威来反对亚里士多德。恰恰相反：它们是非常严肃的，必须从其字面上理解。因此，为了不让人对他的哲学立场有丝毫怀疑，伽利略坚持认为：[68]

[67] *Dialogo sopra i due Massimi Sistemi del Mondo*, in *Le Opere di Galileo Galilei*, VII (Firenze: Edizione Nazionale,1898), p.183.

[68] Ibid., p.217.

　　萨尔维亚蒂（Salviati）：正在讨论的这个问题的解答意味着对某些真理的认识，这些真理是您和我都熟知的。但是，由于您已经不记得它们了，所以您看不到这个解答。因此，用不着教您，因为您已经知道了，只需让您回忆起来，我就能让您自己解决这个问题。

　　辛普里丘：我好几次都对您的推理方式感到震惊，这让我认为您倾向于柏拉图的观点，即**"知识即回忆"**（nostrum scire sit quoddam reminisci）；请告诉我您本人的观点，以驱散我的疑惑。

　　萨尔维亚蒂：我可以用文字，也可以用事实来解释我对柏拉图的这种观点的看法。在迄今为止提出的论证中，我已经不止一次地用事实表明了自己的看法。现在我将在我们正进行的研究中运用同样的方法，这可以作为一个例子帮助您更容易理解我关于如何获得知识的想法。

　　"我们正进行的"研究无非对力学基本命题的推导。我们得知，伽利略认为他所做的不仅仅是宣布自己是柏拉图认识论的追随者和拥护者。此外，通过应用柏拉图的认识论，通过发现真实的物理定律，通过让萨格雷多和辛普里丘（也就是**由读者**自己，由我们）推导出这些定律，伽利略认为他已经"用事实"证明了柏拉图主义的真理。《对话》和《两门新科学》为我们提供了一个思想实验的历史，一个结论性实验的历史，因为它以亚里士多德主义者辛普里丘充满渴望的自白结束，他承认学习数学的必要性，并对他自己在年轻时没有学习数学而感到遗憾。

　　《对话》和《两门新科学》向我们讲述了一段发现（或者更确切地说，重新发现）自然所使用的语言的历史。它们向我们解释了对自然提问的方式，即科学实验的理论，在这种实验中，提出假设和对其含义的推导先于并指导着观察。至少对伽利略来说，这也是一种"用事实"给出的证明。对他来说，新科学是柏拉图主义的实验证明。

43

三、伽利略的《论重物的运动》：
论思想实验及其滥用

支配物体自由下落的定律敲响了亚里士多德物理学的丧钟，它包含了两个相互独立的陈述，尽管它们在伽利略的思想中紧密地联系在一起。正因如此，应当谨慎地对它们加以区分。

第一个陈述是关于下落运动的数学本性与动力学本性。它断言，这个运动遵循数学定律，在连续相等的时间间隔内所通过的距离遵循从 1 开始的奇数（ut numeri impares ab unitate）[1]；换句话说，与亚里士多德的教导相反，一个恒定的力产生的不是一个匀速运动，而是一个匀加速运动[2]：也就是说，这个动力不产生一个速度，而产生一个加速度。

第二个陈述（同样与亚里士多德的教导相反）补充说，在下落过程中，所有物体（无论大小、重轻，即无论尺寸和种类）

---

[1]　在自由落体的过程中，速度的增加与时间成正比，即按照自然数成比例地增加；在连续的时间间隔内通过的距离与奇数序列成正比；从下落开始时通过的距离与自然数的平方成正比。

[2]　在后一个的分析中，支配物体下落的定律暗含着惯性定律，即运动守恒定律。在亚里士多德看来，这样严格的限制是不可能的：运动暗示着一种推动力的作用，一种附在运动物体上的原动者；当两者分离时，运动就会停止。

在原则上（如果不是事实上）[3]以相同的速度下落，换句话说，

44 下落过程中的加速度是一个普遍常数。[4]

历史研究集中在这两个陈述中的第一个[5]；相比之下，第二个陈述一直被历史学家所忽视。[6]然而，这样的研究是相当有趣的，不仅因为它提供了伽利略使用（和滥用）思想实验（imaginary experiment）方法的范例，而且还因为它使我们能够在某种程度上界定伽利略的思想和其直接的甚至更遥远的前辈思想之间的关系。

思想实验（马赫称之为"思想实验"[Gedankenexperimente]，波普尔最近也在关注它们）在科学思想史上发挥了重要作用。[7]这个事实很容易理解。真正的实验往往很难进行，而且往往涉及复杂和昂贵的仪器设备。此外，它们必然伴随着某种程度的不精确，因此也伴随着某种程度的怀疑。

在实践中，不可能制造出一个真正的平面，也不可能制造出真实的球形表面。完美刚体并不存在也不可能存在于**自然物**（rerum natura）之中，完全弹性的物体也不可能存在；并且，不

---

[3] 由于空气的阻力，只有在真空中，重物与轻物才能获得相同的下落速度。

[4] 就像开普勒之前所做的那样，我们把重力还原为地界吸引力，而这个常数取决于重物与地心的距离。伽利略不承认吸引力，在他看来，加速度常数是一个普遍的值。此外，伽利略在落体定律的推导中也暗示了这个常数。

[5] 最新进展参见 *Études galiléennes*, part II, (Paris: Hermann, 1939)。

[6] 他们通常只限于"比萨斜塔实验"，但伽利略从来没有做过这个实验，也从来没有提到过它；参见 "Galilée et l'éxperience de Pise", *Annales de l'Université de Paris* (1937); Lane Cooper, *Aristotle, Galileo and the Tower of Pisa* (New York, Ithaca:1935)。

[7] 参见 K. Popper, *The Logic of Scientifie Discovery*, App. XI (New York:1959), pp.442 ff。

可能做出绝对准确的测量。完美不属于这个世界：毫无疑问，我们可以接近它，但无法达到它。在经验事实和理论概念之间，仍然存在着而且将永远存在一个无法弥合的鸿沟。

这就需要想象力出场。它令人愉快地弥合了鸿沟。它并不会因为现实强加给我们的限制而感到尴尬。它能够"实现"理想条件，甚至不可能的条件。这是通过理论上完美的概念来进行的，而这些概念正是通过思想实验来发挥作用。[8] 因此，它使完美的球体在完全光滑和绝对坚硬的平面上滚动；它把重物悬挂在绝对坚硬而没有重量的杠杆上；它使光从作为一个点的光源发射出来；它使物体在无限的空间中永恒地运动；它用同步计时器在惯性运动中给伽利略的参考系计时；它将一个光子发射到只有一个或两个狭缝的屏幕上。通过这种方式，它得到具有完美精确性的结果；尽管它并没有因此而避免偶尔会出错，至少在**自然物**中是如此。毫无疑问，正是由于这些完美的结果，思想实验才经常成为（例如在笛卡尔、牛顿、爱因斯坦……以及伽利略那里）自然哲学伟大体系的基本定律的基础。

让我们回到伽利略，特别是《两门新科学》的第一卷，就像《对话》一样，这本书是三个象征性人物之间的友好对话：萨尔维亚蒂代表新科学，也是伽利略的代言人；萨格雷多是一个思想开放、不带学术偏见的正直之人，因此能够理解萨尔维亚蒂并接受他的教导；以及辛普里丘，他是亚里士多德主导的

45

---

[8]　因此，所起的作用介于数学和现实之间。

大学传统的支持者，他为亚里士多德的观点辩护，尽管不是很热情。[9]

在谈论了各种问题之后，[10] 他们开始讨论重物的下落。为了反驳亚里士多德的观点，即物体自由下落的速度与其重量成正比，与它们在其中运动的介质所提供的阻力成反比（因此在真空中的运动是不可能的），伽利略首先让辛普里丘（亚里士多德的代言人）做出这个陈述，然后让萨格雷多通过一个真实实验的结果来反驳它，以及让萨尔维亚蒂用一个思想实验的结果来反驳它。[11]

辛普里丘："据我所知，亚里士多德曾猛烈抨击一些古人，他们认为真空是运动的必要条件，没有真空，运动就不可能发生。亚里士多德反对这一观点，他指出，恰恰相反，运动的事实证明（正如我们将看到的）真空的观念是不可设想的。他的论证如下，他假设有两种情况：第一种情况是重量不同的物体在同一介质中运动；第二种情况是同一个物体在不同介质中运

46

---

[9] 前两个人物不仅是象征性的，而且是真实的。萨格雷多（1571—1620）是威尼斯人，萨尔维亚蒂（1582—1614）是佛罗伦萨人。两人都是伽利略的朋友，他希望以这种方式永远记住他们。然而，辛普里丘纯粹是象征性的。伽利略在选择这个名字时，不太可能想到的是亚里士多德的伟大评注者辛普里丘；更可能的是，他想表明亚里士多德主义者顾名思义过于头脑简单；或者，通过一个关于名字相似性的游戏，他想暗示，辛普里丘的精神后裔过于头脑简单。

[10] 内聚力、材料对断裂的抵抗（第一天的标题）、真空、关于无限（亚里士多德之轮）的悖论、证明光的传播不是瞬时的而是需要时间的实验等。

[11] *Discorsi e dimostrazioni matematiche intorno a due nuove scienze*, in *Le Opere de Galileo Galilei*, VII (Firenze: Edizione Nazional, 1897), pp.105 ff.

动。在第一种情况下，他假设不同重量的物体以不同的速度在相同的介质中运动，速度之比等于它们的重量之比；例如，如果一个物体的重量是另一个物体的 10 倍，那么它的运动速度就是另一个物体的 10 倍。[12] 在另一种情况下，他假设同一物体在不同介质中的速度与介质的厚度或密度成反比；例如，如果水的阻力是空气阻力的 10 倍，那么在空气中的速度是在水中的速度的 10 倍。[13] 他用第二种情况来证明他的观点，方法如下，由于真空的稀薄程度远大于任何充满物质的介质（无论多么稀薄），在充满物质的介质中，在一段时间内运动一定距离的物体，在真空中的运动都是瞬时的；[14] 但是，瞬时运动是不可能的，因此，由于运动的缘故，真空的观念也是不可能的。"

萨尔维亚蒂："这个论证显然是**诉诸人身的**（ad hominem），也就是说，反对那些认为真空是运动之必要条件的人：因此，即使我同意这个论证是结论性的，因而在真空中运动是不可能的，但从绝对意义上而不是从运动的关系上来看，真空的观念仍然不是无效的。[15] 但是，正如古人自己可能回答的那样，在我看来，为了理解亚里士多德的论证究竟能证明什么，人们也许会拒绝他的假设，甚至否认那两个假设。关于第一个假设，

---

[12]　假设介质的阻力是恒定的，我们可以得到 $V_1 = P_1 / R$，以及 $V_2 = P_2 / R$。

[13]　$V_1 = P / R_1$，以及 $V_2 = P / R_2$。通常 $V = P / R$，总是假设 $P > R$。

[14]　$V = P / 0 = \infty$。真空中的速度是无限的。

[15]　伽利略承认，不仅存在无穷小的虚空（解释物体的内聚力），也存在有限的虚空（比如抽吸泵产生的真空）。

我非常怀疑亚里士多德是否真的用实验证明过这件事是真的：
有两块石头，其中一块的重量是另一块的 10 倍，在同一时刻
从某个高度（例如，100 腕尺＊）开始下落，它们会以非常不
同的速度下落，而当较重的石头落地时，另一块石头仅下落 10
腕尺。"

辛普里丘："您甚至可以从他的用词中看出，他一定尝试
过，因为他说：'**我们看到较重的那个**'；既然如此，'看到'这
个词表明他一定曾做过实验。"

萨格雷多："但是，辛普里丘，我自己做过实验，并向您保
47   证，如果从 200 腕尺的高度开始下落，一个一两百磅甚至更重
的炮弹不会比一个半磅重的火枪子弹更快地到达地面。"[16]

萨尔维亚蒂："无论如何，即使没有进一步的实验，我们也
可以通过一个简短的结论性论证来清楚地证明：'一个更重的物
体比一个更轻的物体运动得更快'的说法是不正确的——前提
是物体的材料是相同的，事实上，这就是亚里士多德讨论过的
那些物体。辛普里丘，请您告诉我，您是否承认，每一个下落
的物体都有一种由自然决定的速度，除非通过受迫或给它的运
动去除某种障碍，否则这个速度是不能增加的。"

辛普里丘："毫无疑问，在同一介质中的同种物体的速度

＊　腕尺（cubit）为古代西方的一种测量单位，是指从肘到中指端的距离，1 腕尺约
等于 20 英寸，即 50.8 厘米。

[16] 萨格雷多是否曾经做过这些实验是很值得怀疑的。最先以系统的方式做过实验
的似乎是里乔利与梅森；参见下一章《一个测量实验》。

是由自然决定和确定的，除非赋予它某种新的冲力，否则它的速度不能增加；除非受到某种障碍而减慢，否则它的速度不会减少。"

萨尔维亚蒂："因此，如果我们选取自然速度不相等的两个物体，那么显而易见，如果把较慢的物体和较快的物体连接起来，那么较快的物体就会被部分地减慢，而较慢的物体在某种程度上就会被另一个更快的物体加速。您是否同意我的观点？"

辛普里丘："在我看来，这是毫无疑问的。"

萨尔维亚蒂："但如果是这样，如果一块较大的石头以 8 度的速度运动，而一块较小的石头以 4 度的速度运动，把它们连在一起，这两者组合的运动速度就会小于 8 度；然而，当这两块石头连在一起时，就会得到一块石头比之前以 8 度的速度运动的石头更重。因此，这块更重的石头（尽管它本身比第一块石头更重）比第一块（没有这么重的）石头运动得更慢，这与您的假设相悖。因此，从'较重的物体比较轻的物体运动得更快'这一假设出发，您看，我得出的结论是：较重的物体运动得更慢。"[17]

辛普里丘感到非常困惑。一块较小的石头加在一块较大的石头上会增加重量，从而增加速度，正如亚里士多德所断言的那样，这难道不是显而易见的吗？但是萨尔维亚蒂却通过声称

---

[17] 有趣的是，这个论证是伽利略在他的青年时代的著作《论重物的运动》中提出的（参见 *Le Opere di Galileo Galilei*, I [Firenze: Edizione Nazionale, 1898], p. 265），它大概写于 1590 年，尽管他确实得出了重物下落速度相同的结论。

"将一块小石头加到一块大石头上会增加后者的重量（就像它在静止时所做的那样）"是不正确的，从而使他无话可说。事实是，必须区分运动中的重物和静止中的相同物体。[18]

"一块放置在天平上的大石头，当另一块石头放在它的上面时，它不仅会获得额外的重量——因为即使再加上一把麻丝，它也会增加 200 克或 280 克的重量（麻丝的重量）；然而，如果您让绑在麻丝上的石头从某一高度自由下落，您认为，麻丝在运动中会将石头向下压，从而使它的运动加速，还是通过部分向上支撑它，从而会减慢它的速度呢？当我们试图抗拒我们肩上的重物所要造成的运动时，我们会感到肩上的压力；但是，如果我们以重物自然下落的速度下坠时，您怎么能想象重物会压迫我们呢？您难道看不出来，这就像是您试图用长矛刺一个跑在您前面的人时，他以与您一样快甚至比您更快的速度向前跑一样（您怎么刺得到他呢）？[19] 因此，您可以得出这样的结论：在自由和自然的下落过程中，较小的石头不会压在较大的石头上，因而不会像静止时那样增加（大石头的）重量。"

然而，辛普里丘并不让步：

"那么，让我们说，较小的石头不会压在较大的石头上。但

[18] 参见 *Le Opere di Galileo Galilei*, VIII (Firenze: Edizione Nazionale, 1898), pp.108 ff。

[19] 有趣的是，这个惊人的例子后来被斯特凡诺·德利·安杰利（Stefano degli Angeli）用于他与里乔利的论战；参见 A. Koyré, "*De Motu Gravium*", *American Philosophical Society, Transactions* (1955)。

是，如果您把较大的石头放在较小的石头上面呢？"

"当然（萨尔维亚蒂回答说[20]），如果它（这块小石头）运动得更快，那么它的重量就会增加；但是，已经得出结论，如果较小的石头速度较慢，那么就会部分地减慢较大石头的速度，因此，这两者的结合将会更慢，尽管更重；这与您的假设相反。我们可以得出结论，较大的物体和较小的物体运动速度是相等的，如果它们具有相同的比重。"

最奇怪的是，伽利略此时竟然提到了比重，而这与论证并不相关。然而，从历史上看，这是非常重要的，因为它揭示了伽利略推理的灵感来源，不仅在刚才引用的一段话中如此，而且在我将简短引用的段落中亦如此。它源于贝内代蒂。[21] 早在1553 年，贝内代蒂在他的论文《全部欧几里得问题的解答》[22]中为了分析重物的下落运动而用阿基米德的体系取代了亚里士多德的体系；我们很快就会看到伽利略也是这样做的。在前面提到的那部著作的序言中，贝内代蒂写道：

"我现在断言，如果相同形式[23]和种类（比重）的两个物体，

---

[20] *Le Opere di Galileo Galilei*, VIII (Firenze: Edizione Nazionale, 1898), p. 109.

[21] 瓦伊拉蒂已经强调了贝内代蒂对伽利略的影响，参见 G. Vailati, "Le Speculazioni di Giovanni Benedetti sul Moto dei Gravi", in *Scritti* (Firenze: 1911), pp. 161 ff; 以及 Giacomelli, *Galileo Galilei giovane e il suo "De Motu"* (Pisa: 1949)。

[22] *Resolutio omnium Euclidis problematum aliorumque una tantum modo circiniapertura* (Venetiis: 1553). 关于贝内代蒂，参见 "Jean Baptiste Benedetti, critique d'Aristote", in *Mélanges offerts à Étienne Gilson* (Paris: 1959), 以及我更早的《伽利略研究》第一部分与第二部分，那里有这位作者的参考书目；另见上一个的注释中引述的作品。

[23] 否则，它们的形状会影响它们的运动。

无论是否相等，那么，如果在同一介质中，它们将在相等的时间内通过相等的空间。这个命题是最显而易见的，因为如果它们运动的时间不相等，那么它们的种类必然是不同的……或者介质不是均匀的或通过的空间不相等。"[24]

贝内代蒂和伽利略都认为——与亚里士多德的教导相反——大物体和小物体（同种类型，即相同的比重）同时落地。他们无疑是正确的。事实上，亚里士多德告诉我们，大石头比小石块下落得更快。[25] 然而，我们可以问问自己，辛普里丘轻易地接受了萨尔维亚蒂的推理，允许自己被一个矛盾的"实验"所迷惑，即一个物体被另一个运动得比前者慢或一样快的物体所拖累，这难道没有错吗？难道他不应该这样回答萨尔维亚蒂吗，即在他对下落的分析中忽略了一个根本的、至关重要的重要因素——对运动的阻力。事实上，所有运动都意味着动力和阻力；而且，他还理所当然地承认，**物体的组合**的重量对这个组合的作用与单个物体的重量对自身重量的作用一样。例如，他难道不可以说，贝内代蒂在他的著作《数学与物理学思辨歧异之书》[26] 中提出的那个实验是一个很好的实验，但作为反对亚里士多德的论据是没有价

---

[24] 贝内代蒂于 1554 年在威尼斯单独发表了这篇序言，标题为《反对亚里士多德的位置运动比例的证明》(*Demonstratio proportionum motuum localium contra Aristotelem*)，这是非常罕见的，重印于 G. Libri, *Histoire des sciences mathématiques en Italie*, vol. III (Paris:1838), pp. 258 ff. 这里引用的这段话在该书第 261 页。我已经在上面引用的关于贝内代蒂的那篇文章中翻译了它。

[25] 他是正确的。

[26] *Diversarum Speculationum Mathematicarum et Physicarum Liber* (Taurini:1585).

值的吗？[27] 在这个实验中，首先，将两个同种材料的物体单独下落，然后被用一根数学的绳子系在一起下落。结论是没有理由认为它们在第二种情况中下落得更快；也就是说，系在一起的下落速度比分离的要快。事实上，无论这两个物体是不是系在一起，它们仍然是**两个物体**；它们并不构成一个**单独的物体**。将两匹马用缰绳拴在一起，并不能使一匹马的大小增加一倍，两匹马一起跑的速度也不是其中每一匹马的两倍，而是一样快。即使我们把贝内代蒂的两个物体看作一个整体，后者也没有真正的理由比任何一个物体运动得更快；无论是在真空中（在其中，速度在任何情况下都是无限的），还是在一个充实空间中（因为那样它们就会受到两倍的阻力），都不会这样。[28] 既然速度与力成正比，或与阻力成反比，这两种情况都是一样的。[29]

至于萨尔维亚蒂的"实验"，辛普里丘可以回答说，连在炮弹上的一捆稻草仍然是一捆稻草，就像炮弹仍然是炮弹一样；如果这捆稻草自身缓慢地下落，而炮弹快速地下落，尽管两者组合在一起的重量大于单个部分的重量，特别是大于炮弹的重量，还是可以得出结论：当两者捆绑在一起时，炮弹将加速稻草的运动，而后者会阻碍前者的运动，这是合理的，而且并不与

50

---

[27]　*Diversarum Speculationum Mathematicarum et Physicarum Liber* (Taurini:1585), p.174；参见上文引用的（本章第 24 个注释）我关于贝内代蒂的那篇文章的第 371 页。

[28]　如果它们被认为由一根物理杆连接，这将对周围的空气产生额外的阻力。

[29]　两个人手拉手，并没有下落得更快；事实并非如此，亚里士多德的教导也不是这样的。

亚里士多德的教导相悖。一捆稻草和一颗炮弹组合的并不是一颗重量更大的炮弹，因为这个组合不是一个自然物。再次，在对贝内代蒂假说的回应中，辛普里丘本可以补充说，即使与常识和亚里士多德的教导相反，我们坚持只将对其组成部分有效的行为归于这一组合物，我们也应该考虑到这样一个事实，即组合物体积增加的程度大于这颗炮弹重量增加的程度，因此组合物的运动阻力增加的程度将大于其重量增加的程度。因此，这是相当正常的（它再次与亚里士多德的动力学相一致），如果动力与阻力之比减小，那么运动（即速度）也以相同的比例减小。

辛普里丘本可以说这些，或者类似的话。很遗憾，他没有这么做。如果他这么做的话，亚里士多德主义者的立场将因此而得到澄清，即使没有得到加强。轮到萨尔维亚蒂了，他通过援引鸡蛋和用大理石制成的卵形物体的例子（正如他在另一个稍有不同的语境下所做的那样[30]）可以反驳说，速度和重量之间的比例关系不会因为考虑到这种阻力而受到影响，因为两个物体（母鸡的蛋和用大理石制成的卵形物体）的阻力是一样的，因此并不影响论证。上述物体的下落速度与其重量不成正比。事实上，鸡蛋并不比用大理石制成的蛋运动得慢很多，而是几乎和前者一样快，几乎在同一时间到达地面。

即使伽利略在他用归谬法（reductio ad absurdum）对亚里士多德动力学的批判中（我们刚才已经研究过了）没有考虑到介

---

[30] 参见下文，第75—76页。

质对下落物体的阻力，我们也绝不能由此得出结论，他总体来说没有认识到介质在动力学中所起的作用。完全相反！通过批判亚里士多德关于动力与阻力之间关系的概念，他被引导通过一个思想实验不仅证明了在真空中运动的可能性，而且证明了所有物体都以相同的速度**在真空**中下落，正是介质的阻力解释了它们在充实空间中为什么以不同速度下落。

那么，为什么他到现在还没有提到它呢？也许是因为他提出了亚里士多德的动力学是基于两个公理原则：（1）速度与动力成正比；（2）速度与阻力成反比。在这样做之后，他认为有必要分别地批判它们；[31] 也可能是因为空气阻力通常是微不足道的，事实上也可以被忽视。的确，当辛普里丘（并没有向萨尔维亚蒂提出我们不得不为他提出的论证）不顾所有的论证而只是一味地重复说他就是不相信铅球和炮弹下落得一样快时，他使得萨尔维亚蒂发表了以下长篇大论：[32]

"您应该说，一粒沙子与一块磨石下落得一样快。但我希望您，辛普里丘，不要像很多其他人所做的那样，通过攻击我的声明中一些无关紧要的部分来转移争论的焦点。亚里士多德说：'一个100磅重的铁球，从100腕尺的高处下落，当它到达地面时，一个1磅重的铁球下落的甚至还不到1腕尺。'我要说的是，它们同时到达地面：在进行实验时，您会发现，较大的

---

[31] 他自己的理论考虑了这两个因素。

[32] *Discorsi*, First Day, in *Le Opere di Galileo Galilei*, VIII (Firenze: Edizione Nazionale, 1898), p. 110.

物体先于较小的物体两个手指的宽度——也就是说，当较大的物体到达地面时，较小的物体距离地面两个手指的宽度——现在您想用这两个手指的宽度来掩盖亚里士多德的 99 腕尺，只提及我的一点小错误，而对他的大错误闭口不提吗？亚里士多德宣称，不同重量的物体以与其重量成正比的速度在同一介质（因为它们的运动取决于重性）中运动，他举出的例子是那些可以看出重量的纯粹和绝对效果的物体，而忽略了其他因素（如形状，这些因素受介质的影响很大，它们改变了单纯是重性作用的效果）：这就是为什么当黄金（所有物质中最重的）被制成非常薄的金箔时，会飘浮在空中；石头被磨成非常细的粉末时也是如此。但是，如果您想坚持这样一个普遍的命题，您就必须证明，在所有重物中都可以看到速度的这个比例关系，20 磅重的石头运动的速度是一个 2 磅重的物体的 10 倍。”

因此，介质的阻力在决定下落速度方面起到了一定的作用。亚里士多德在承认这一点时并非完全没有道理。然而，他犯了一个很大的错误，他说，重物下落的速度与阻力成反比，也就是说，与它下落的介质的密度成反比。这个错误造成不可接受的后果。事实上，萨尔维亚蒂接着说：[33]

“在稀薄程度不同（换句话说，不同程度的阻力）的介质中，例如空气和水，同样的物体在空气中比在水中运动得更快，这

---

[33] *Le Opere di Galileo Galilei*, VIII p.110; 参见 *De Motu Gravium, in Le Opere di Galileo Galilei*, I (Firenze: Edizione Nazionale, 1898), pp. 263 ff 中的相同论证。

是由空气与水的稀薄程度之比决定的；假如这种说法是正确的，那么任何在空气中下落的物体，在水中也必然会下落——但这是错误的，因为许多物体在空气中下落，而在水中不仅不会下降，反而会上升。"

辛普里丘没有正确理解萨尔维亚蒂的推理。更进一步说，他认为这是没有根据的，因为亚里士多德只关心物体在两种介质（水和空气）中的下落，而并不关心物体在一种介质中下落，在另一种介质中上升。

从字面上看，辛普里丘的反驳无疑是相当无力的；萨尔维亚蒂有充分的理由让他明白，他在为自己的老师作一个糟糕的辩护。事实上，简单地说，他应该回答（正如他已经做过的那样 [34]），亚里士多德的物理学不是数学物理学，因此，它所提出的比例的解释不应从数学的意义上按照字面意思来理解，因为它们实际上只是定性的和模糊的，它们是近似的。[35] 伽利略当然很清楚这一点。毫无疑问，他认为没有必要在《两门新科学》中继续讨论这个问题，因为他已经在《对话》中处理了物理学

53

[34] 参见 *Dialogo so pra i due Massimi Sistemi del Mondo, Tolemaico, e Copernicano*, First Day, in *Le Opere di Galileo Galilei*, VII (Firenze: Edizione Nazionale,1898), p.38; Second Day, p.242。

[35] 从根本上说，辛普里丘是正确的。通过用严格的定量化方法取代亚里士多德的半定性观念，我们不得不在结论中添加一些"近似"，这使其意义发生了很大的变化；关于这一点，参见 *Études galiléennes*, III, pp.120 ff；以及最近 E. J. Dijksterhuis, "The Origins of Classical Mechanics", in *Critical Problems in the History of Science* (Madison,Wisconsin:1959)。

数学化的一般问题。[36] 他本可以补充说，他并不是唯一一个从字面上理解亚里士多德的伪数学表达式的人，亚里士多德的评注者们在很久以前已经这么做了。[37] 接着，萨尔维亚蒂用一个"具体"的例子来展示亚里士多德论题中荒谬甚至是矛盾的结论。

（他对辛普里丘说[38]，）"但是，请您告诉我，水或任何阻碍运动的东西的密度是不是与阻碍程度较小的空气的密度有一个确定的比值呢？如果有，请您随便确定一个值。"

辛普里丘说："确实存在这样一个比值。我们可以假设它是10；对于一个在这两种元素中都下落的物体，它在水中的速度是它在空气中速度的十分之一。"

"现在让我们选择那些在空气中下落但在水中并不下落的物体"，萨尔维亚蒂继续说："比如一个木球，我请您为它任意指

<hr/>

[36] 参见 *Dialogo*, First Day, in *Le Opere di Galileo Galilei*, VII (Firenze : Edizione Nazionale, 1898), pp. 38 ff; Second Day, pp. 229 ff; 242 ff; Third Day, pp. 423 ff；另见 *Il Saggiatore, in Le Opere di Galileo Galilei*, VI (Firenze: Edizione Nazionale,1898), p. 232, etc.。

[37] 中世纪的批评者也指出了以下矛盾的考虑。当动力等于阻力时，速度是均匀的（$V = P / R$；如果 $P = R$，那么 $V = 1$）；现在，显而易见的是，如果阻力等于动力，那么就不会发生运动。这个公式"速度 = 动力 / 阻力"本身意味着更重要的东西，即任何力，无论多么小，总是产生运动，无论对方的阻力有多大。从阿威罗伊的时代以来，中世纪评注者就提出了各种各样的公式来考虑这些情况，特别是把速度表示成不是动力与阻力之比的公式，而是表示成在动力超过阻力的情况下才成立的一个公式，这个公式与贝内代蒂所采用的公式（参见下文）非常相似。布雷德沃丁（Bradwardine）也采用了一种更复杂的，用现代符号表示，相当于一个对数函数。参见 Marshall Clagett, *Giovanni Marliani and late Medieval Physics* (New York: 1941), pp. 129 ff; Anneliese Maier, *Die Vorläufer Galileis im XIV Jahrhundert* (Rome: 1949), pp.81 ff; Marshall Clagett, *The Science of Mechanics in the Middle Ages* (Madison, Wisconsin: 1959)。

[38] *Discorsi*, p. 111. [出版者注：以下段落在某种程度上是由柯瓦雷教授从意大利原文中意译的。在此处，这种意译的精神在这篇意大利语编辑的重译中得到再现。]

定一个在空中下落的速度"。   54

"让我们设它的速度是 20"，辛普里丘建议。

萨尔维亚蒂总结道："那么，为了符合亚里士多德的假设，物体在水中下降的速度应该是 2，而不是像它实际情况那样从水底浮上水面：**反之**，一个比木头重的物体，它在水中下降的速度为 2，在空气中下落的速度为 20，也就是说以与木球相同的速度下落——这与亚里士多德关于速度和重量成正比的教导相矛盾。此外，日常的经验告诉我们，亚里士多德的断言是错误的，物体在水中下降的速度与它们在空气中下落的速度之间的关系非常不同。例如，[39] 一个用大理石制成的球在水中下降的速度是一个鸡蛋的 100 倍，鸡蛋在空气中从 20 腕尺的高处下落时，二者在到达地面前会相差不到 4 个手指的宽度；简言之，这样一个在水中需要 3 个小时才能到达 10 腕尺深的水底，而在空中则只需一到两次脉搏跳动的时间就能到达同样的距离，另外一个物体（例如，一个铅球）可以轻易地（在水中）通过（10 腕尺），所用的时间还不到（从空气中下落）时间的 2 倍。"

因此，亚里士多德对在真空中运动之可能性的反驳是根据速度的增加与阻力的减少成正比，这是不成立的：真空中的速度绝对不会是无限的。[40]

---

[39] *Discorsi*, p.112.

[40] Ibid.

我们知道，贝内代蒂已经断言了在真空中运动的可能性，他通过对亚里士多德的"比例"进行批判性审查得出了相同的结论。然而，与伽利略一样，贝内代蒂证明了动力应该减去（而不是除以与重量相等或相同的部分）阻力的值。因此，他得出结论，物体将以与其比重成正比的速度在真空中下落，而不是像伽利略所说的那样以相同的速度下落。值得注意的是，萨格雷多（并没有承认）引用了贝内代蒂的论证，正如我们所看到的，这似乎得到了萨尔维亚蒂的支持。[41]

他说："您已经清楚地表明，不同重量的物体在相同的介质中的运动速度与其重量成正比，这是不正确的；相反，它们以相同的速度运动，这意味着这些物体的材料相同或比重相同（因为我不认为您的意思是断定一个软木球与一个铅球的运动速度相同）；现在您也清楚地证明，在不同阻力的介质中，同样的物体以与阻力成正比的速度或慢度运动也是不正确的，我很想听到在每种情况下实际观察到的比例是多少。"

我们非常清楚，伽利略想要证明的就是萨格雷多认为难以置信的东西——就像他以前所认为的那样，软木球与铅球不是以不同的速度（而是以相同的速度）在真空中下落。这是一个令人震惊的命题，他本可以有更多的理由说这个命题（而不是

---

[41] *Discorsi*, pp. 112 ff. 伽利略的一个惯常的教学做法就是让读者追溯他本人思想的各个阶段，陷入他自己曾经陷入的同样的错误，然后将他们从这些错误中解救出来。萨格雷多总是被分配在中间阶段，而萨尔维亚蒂则是在最后阶段。

他关于落体加速的定律）以前没有人提出过。[42] 此外，仔细分析他的证明也是有趣的，尤其是这揭示了他思想的发展。[43]

"当我确信同一物体在不同阻力的介质中运动的速度与介质的阻滞程度成反比这一命题是不正确的，并且否认了在同一介质中不同重量的物体将获得与其重性（即物体的不同比重）成正比的速度之说法之后，我开始将这两种现象结合起来，观察将不同重性的物体放置在不同阻力的介质中的情况：我注意到，在阻力更大的介质（即阻滞程度更大的介质）中，速度的差异更大。这种差异如下：在空气中下落速度几乎没有差别的两个物体，但一个物体在水中的下降速度却是另一个物体在水中的 10 倍；事实上，有一些物体在空气中迅速下落，但在水中不仅不会下降，反而会保持绝对的静止，并且会向上运动——例如，有一些木头（也许是一个木瘤或根）在水中保持静止，但在空气中迅速下落。"

提到在水中保持平衡的物体会引起离题从而打断论证的思路，因此暂且不提。这一离题引起了人们的兴趣，因为它为萨格雷多与萨尔维亚蒂提供了一个机会，可以就有关流体静力学

---

[42]　求一个匀加速运动的物体或点所经过的距离的规则早在中世纪就已经为人所知，从 14 世纪上半叶开始，首先是在牛津，然后是在巴黎。它甚至被 16 世纪的多米尼克·索托（Dominico Soto）运用于下落运动。参见迪昂著名的三卷本（P. Duhem, *Études sur Léonard de Vinci* [Paris:1908-13]；*Système du monde* ,VII and VIII [Paris:1956 and 1958]）；以及本章第 37 个脚注中所引用的文献。

[43]　*Discorsi*, p. 113.

平衡以及其他问题的令人惊讶的实验进行讨论。[44] 萨尔维亚蒂
56　继续说道：[45]

"我们已经看到，随着介质的阻力增大，不同比重物体的速
度差异会变得非常大；更重要的是，在水银这种介质中，黄金
不仅比铅更快地沉到底部，而且还是唯一能够下沉的物质，所
有其他金属和石头都将上浮；然而，在空气中，金球、铅球、
铜球、石球或其他重材料制成的球的运动方式之间的差异几乎
无法区分——以至于在一次 100 腕尺的下落结束时，一个金球
不会比一个铜球先到达地面超过四个手指（的距离）。正如我所
说的，既然如此，我立刻得出结论：如果除去介质的阻力，所
有材料都会以相同的速度下落。"

因此，伽利略提出的论证是作为限制情形下的一种进展。
两组量纲以一致的方式发展，一组是重物在其中运动的介质的
阻力，另一组是它们速度之差；阻力越大，速度之差就越大；
反之，随着前者的减小，后者也相应地减少。[46] 如果我们消除
前者，那么我们很可能看到后者也会消失。

当然，这个证明在逻辑上不能令人满意；亚里士多德拒
绝接受它也不是完全没有道理的。[47] 为了证明伽利略的假设，

---

[44]　参见本章附录。

[45]　*Discorsi*, p. 116.

[46]　在亚里士多德的图式中，这种差异（与落体的重量和介质的密度成正比）应该
保持不变。

[47]　尤其是因为它与贝内代蒂的理论相矛盾，初看起来，后者是如此诱人。

需要做一个实验。但是，这个实验是不可能实现的；我们不可能在真空中做实验。因此，伽利略发现自己不得不逆转这个过程，并表明根据他的假设，如果重物在真空中以相同的速度下落，他就能预测实际实验的结果；此外，他还可以解释阻力在运动的有效迟滞中真正所起的作用。他接着说：[48]

"我们正在试图弄清楚，在一种没有阻力的介质中，重量相差很大的物体(因此，速度的任何差异都只能归因于重量的差异)会发生什么情况；因为只有在一个完全没有空气或任何其他东西(甚至是稀薄与柔软的)的空间中，才能为我们所寻求的东西给出一个可见的证明，但这样的空间并不存在，因此我们将观察在最薄和阻力最小的介质中所发生的情况，并与我们在那些不那么稀薄和阻力更大的介质中所看到的情况进行比较。事实上，如果我们发现，不同重量的物体在速度上的差异越来越小，因为它们被放置在阻力越来越小的介质中——最后，在最精细的介质中，即使它不是真空——那么即使是在重量相差很大的物体之间，速度的差异也是极小的，几乎可以忽略。在我看来，我们就很有理由相信，在真空中，它们的速度是完全相同的。所以，让我们考虑空气中的情况。要选择一个表面形状确定并且非常轻的材料，我想考虑一个充满气的气囊。在空气介质中，它里面空气没有重量或重量很小，因为它只能被非常

57

_____

[48] *Discorsi*, p.117.

轻微地压缩，[49] 所以它只有一块皮的重量，还不到像膨胀的气囊那么大的铅块质量的千分之一。辛普里丘，如果您让这两个物体从 4 腕尺或 6 腕尺的高处下落，您认为铅块会领先气囊多远的距离？您可以确信它不会快于 3 倍，甚至 2 倍，尽管您也许会认为它快了 1000 倍。"

辛普里丘回答说：[50] "在它们开始运动（也就是在最初 4 腕尺或 6 腕尺的运动）的时候，可能会像您说的那样；但是，在运动持续了一段时间以后，我相信铅块就领先于气囊，领先程度可能不止 1/2，甚至可能是 2/3 或 5/6。"

萨尔维亚蒂对此表示同意，并且进一步说：[51] "在很长的距离中，铅块可能走过了 10 英里而气囊只走了 1 英里。"

但这并没有违背这样一个命题：恰恰相反，物体自由下落的速度在下落过程中不断变化的事实就确证了这一点。如果速度的差异不是由重量的差异造成的，而是完全依赖于外部条件，即介质的阻力，那么这种变化就是应该发生的。如果速度取决于下落物体的重量，它就不会发生。

"因为如果它们具有相同的（比重），那么它们通过的空间之间的比例应该是相同的，而我们看到这个比例随着它们的运

[49]　空气的重量不在讨论之列；空气被压缩后重量增加的事实也不在讨论之列：这些是每个人都承认的事实。另一方面，我们不得不更加钦佩伽利略在建立他的实验（当然，这是一个思想实验）时的独创性，尽管它显然不能声称精确。

[50]　*Discorsi*, p. 117.

[51]　Ibid., p.118.

动而持续增大。"

伽利略的论证似是而非。它甚至可能显得相当琐碎，它纯粹是论战性的，也就是说，是为了压制他的对手，或是为了用对手自己的立场与之交锋从而来打败他；因为这才是真正的目的。毫无疑问，他确实在自己的立场上与他的对手交锋，这是所有的批判性论证都应该有的，但在伽利略的思想中，他的论证必须认真对待。因为他对亚里士多德主义者的反驳（也隐含对贝内代蒂和萨格雷多的反驳）与所有科学解释的基本原理有关，即恒定的原因产生恒定的结果。他为自己建立了一个符合这个原理的学说而感到自豪。

在亚里士多德动力学中，恒力产生匀速运动。因此，物体的恒定重量不应该在下落过程中产生**加速**运动。[52] 然而，让我们更进一步，承认它确实"导致了"一个加速运动。那么，至少，不同重量"所导致的"速度之比应该是恒定的，因此通过的距离之比也应该是恒定的。事实上，并非如此。

而且，伽利略的落体理论似乎也遭到了同样的反驳。因为如果重力的第一个效果和直接效果不是运动而是加速度，因而下落速度的增加只是一个次级效果，[53] 那么这个加速度（假设它对在相同介质中的不同的物体—— 一个膨胀的气囊和一个铅球——是不同的）对每个物体都是恒定不变的。结果是——或

[58]

---

[52]　对加速的这种解释是亚里士多德动力学中的**关键**所在。

[53]　速度的增加和速度本身，只是加速度的结果，或者说是加速度累积的结果。

者看起来是——速度与通过的距离之比也应该保持不变。

无论亚里士多德关于阻力对动力所起的作用理解得是否不当，伽利略（或贝内代蒂）的理解是否正确，都不能改变基本立场，即恒定的原因不能产生可变的结果。

而这正是辛普里丘所说的，作为一个优秀的逻辑学家，他不需要解释伽利略的论证，但我们不得不这样做：[54]

"很好。但是，按照您的论证思路，如果在不同比重的物体中，重量的差异不能成为它们速度之比变化的原因，因为它们的比重不会改变，那么介质（假设它并不变化）也不能改变它们速度之比。"

如我们所见，辛普里丘说得很对。如果介质的阻力有一个恒定的值，正如亚里士多德所承认的那样（伽利略本人在这个问题上追随贝内代蒂，他在不同的语境下承认了这一点），两个恒定的"原因"产生的速度之比应该保持不变。正是在这一点上出现了错误。介质的阻力不是恒定的，而是可变的；它随运动速度的变化而变化。萨尔维亚蒂解释如下：[55]

"我想说的是，一个重物有一种内在的倾向，即朝向所有物体共同的中心（地心）而运动，它的运动是连续的，均匀加速的，因此在相等的时间内，速度和动量的增加是相等的。[56]

---

[54] *Discorsi*, p. 118.

[55] Ibid., 另见 *De Motu Gravium*, pp. 255 ff。

[56] 正如在《对话》中所宣布的那样，对重性本质的无知并不妨碍伽利略将其视为物体所固有的一个本原。此外，这也是加速度恒定不变的必要条件。

这必须被理解为当所有的偶然和外在的障碍都被消除时就会发生的情况；但是，其中有一个阻力是我们无法消除的：下落的物体必须通过和排开的介质的阻力。它是一种柔软和被动的流体，它对这个运动的阻力与物体通过它的速度成正比，一开始很小，随后越来越大；正如我所说的，由于物体的本性就是不断加速，因此它在介质中就会遇到越来越大的阻力，增加的速度也会越来越小，最后，介质的速度和阻力达到了一个平衡值，从而阻止进一步的加速。"[57]

从这一点开始，运动物体以它在下落中获得的速度匀速地运动。[58] 阻力的增加不是由于介质本性的任何变化，而是由于介质必须从下落物体的路径上移开之速度的增加。由此，我们可以补充说，因果关系比例的基本原则得到了保障：同时解释了一个恒定的原因如何能导致一个变化的结果。

刚才从伽利略那里引用的这段话非常有趣，也极为重要。它不仅给出了介质阻力的机械解释（这种观念的重要性[59]丝毫

---

[57]　值得注意的是，如果对加速度的阻力与速度成正比，从而与后者成正比地增加，那么其自身的值（或它的"速率"）则成反比地减少；因此，阻力和加速度之比与亚里士多德所假设的阻力和速度之比完全相同。我们稍后再谈这个问题。

[58]　参见本章附录，第124脚注。伯纳德·科恩非常中肯地指出：这种"等速均匀的"向下运动是一种惯性运动，是伽利略物理学中唯一可以实现的惯性运动（I. B. Cohen, *The Birth of a New Physics* [New York:1960], pp. 117 ff）。

[59]　这是后来所有关于介质对物体运动的阻力之研究的出发点。就像牛顿在他的《自然哲学的数学原理》（第2卷第1部分，论所受阻力按照速度之比的物体的运动）中所说的那样，即"物体的阻力与速度成正比，与其说是一个物理假说，不如说是一个数学假说。在非坚硬的介质中，对物体的抵抗是与速度的平方成正比"，而不是伽利略认为的与速度成正比。

60　没有因为伽利略在把它应用到现实中时犯了一个非常奇怪的错误[60]而减弱），而且它还揭示了我所说的他思想的基本公理是那些他没有明确清晰地表述出来或者并不总是表述出来的公理，但在他的推理过程中以某种方式显示出了它们的活动的证据。

　　我们知道伽利略（以及贝内代蒂和阿基米德）认为所有的物体都是"重的"，不存在轻的物体。[61]因此，我们可以把他对重性的评论，以及关于每个物体都"具有"一种内在本原，它据此将以匀加速的方式向地球中心运动的断言延伸到所有的物体，或之为物体的物体上。[62]换句话说，"重性"（我们在其他方面对其"本性"[63]一无所知，尽管如此）可以被定义为一种"原

---

　　[60]　参见本章附录。

　　[61]　参见 *De Motu Gravium*, p. 360。其中论述道："由此我们可以总结，没有任何物体是免于重力的，而所有物体都是重的，只是某些更重，而另一些则不那么重，可能相应于其物质若紧密且压缩就重得更多，或是松散且延展，则不那么重。"

　　[62]　我们甚至可以说，重性**构成了**物理物体。

　　[63]　参见 *Dialogo, in Le Opere di Galileo Galilei* (Firenze: Edizione Nazionale, 1898), VII, pp.260 ff, 其中论述道：

　　"辛普里丘：造成这种结果（地球上的东西向下运动）的原因是众所周知的，谁都知道那就是重性。

　　萨尔维亚蒂：您错了，辛普里丘；您应该说所有人都知道它被称为'重性'。然而，我并没有问您它的名称，而是问这种事物的本质：我们已赋予了这个本质一个名称，而且由于我们每天无数次频繁经验，我们对这个名称变得耳熟能详、习以为常，但除此之外，我们并不知道这个本质，就像我们不知道星体运动的本质一样。但是，我们并不真正知道是什么样的本原或能力使石头向下运动，就像我们不知道是什么使石头在离开抛射者后还能继续向上运动，也不知道是什么推着月球做圆周运动。除了（正如我刚说过的）我们赋予的最独特、最恰当的这个名称，即重性之外，我们可以用一个更一般的术语来称呼它，即冲印力，也可以称它为'灵智''辅助形式'或'持久形式'，并使用'本性'这个词作为无限多的其他运动的原因。"

因"或与物体有实质联系的**内在**"本原"；并被定义为一种力，它不仅是**恒定的**，而且在所有物体中是**相同的**，无论其种类如何。正因如此，加速度具有一个恒定的值，因此对所有物体都是一样的，无论它们的本性如何或它们位于何处，因为如果"重性"是一种外力的效果（例如，吸引力），情况就不会是这样。[64]　61
归根结底，这意味着那些组成物体（至少是地界物体）的物质在它们中都是相同的，并且没有质的差异。一个（在真空中的）物体的"重性"与其所含物质的量严格成正比。我们多少可以预见，并且将一个伽利略一无所知的术语归于他，可以说伽利略认为一个物体的质量与它的重量是一回事。[65]

　　我们甚至可以更进一步地预见，伽利略认为惯性质量和引力质量本质上是一样的，尽管这种同一性只出现在运动发生在真空中而不是发生在充实空间中的时候，正如我们很快就会看

---

　　[64]　正是由于拒绝寻求重力的解释并在此基础上建立一个理论，我们发现了伽利略哲学在天文学上成果贫乏的根源，以及博雷利失败的原因。一个糟糕的理论总比没有理论好。参见 *Révolution astronomique, in Borelli et la mécanigue céleste* (Paris: Hermann, 1961)。

　　[65]　"质量＝物质的量"这个观念的历史仍然相当模糊。一方面，我们可以认为，它已经隐含在亚里士多德的学说中；另一方面，我们也可以说，根据"体积×密度"和"重量"来确定质量也是如此：它也是这位试金者技艺的基础。我们也可以把发现这一方法的功劳归于开普勒；这是我的观点。事实上，他是第一个对这一概念给出正确定义的人，他区分了"质量＝物质的量＝体积×密度"与"重量"；前者涉及动力学关系，并且保持不变，而后者则不然。在动力学方面，开普勒仍然是一个亚里士多德主义者，尽管他是一个异端，但这一成就却更加值得称道。关于质量概念的前史，参见 Anneliese Maier, *Die Vorläufer Galileis im XIV Jahrhundert* (Rome:1949); Max Jammer, *Concepts of Mass* (Harvard University Press,1961)。

到的那样。惯性质量！尽管伽利略没有使用这个术语，[66] 但他
在论证中不断地使用这个概念却是事实。[67] 事实上，除了"内
在本原""重性"外，伽利略的物体还有第二个内在本原，即对
我们强加于它或导致强加于它的加速或减速的阻力；[68] 它甚至
与这个加速（可以为正，也可以为负）[69] 和它的重量（或者让
我们说它的质量，即它所包含的物质的量）成正比。[70] 由于这
个原因，以及通过这种方式，一个静止或柔软的介质可以抵抗
一个落体的运动。伽利略认为介质是一种完美的流体，介质中
的粒子彼此之间没有纽带（没有黏性），并且抵抗水平运动；水
平运动越快，阻力就越大，因为后者是有关物体下落速度的函
数；或者更确切地说，它与介质的粒子从静止到运动的加速度

[66] "惯性"（inertia）一词来源于开普勒，在他所使用的意义上，其含义与今
天的含义几乎完全相反。正如奥里斯姆所说，他的意思是"静止的倾向"（inclinatio ad
quietem），而不是物体运动的阻力。不用说，我是在现代意义上使用这个术语。

[67] 可以说，"惯性 = 运动阻力 = 静止的倾向"的**观念**只是为了澄清亚里士多德的一
个基本思想。事实上，如果物体对运动没有阻力，为什么需要用力来使物体运动呢？如果
不是它们有一种固有的静止倾向，当它们被剥夺了动力时，它们为什么要停止运动呢？
最后，进一步地说，如果运动是一个力的实现，那么后者怎么能被认为对这种实现没有阻
力呢？

可以说，正如我刚才所说的，现代的惯性概念与开普勒（或亚里士多德）的惯性
概念并没有像初看起来那样相去甚远；在这两种情况下，惯性都是对变化的阻力。参见
Newton, *Principia Mathematica*, Book I, Definition III。

[68] 我们在这里关心的是加速度，而不是物体所保持的运动，而它对运动是"中立
的"。正因如此，当一个重物在下落时的加速度被介质的阻力抵消时，它仍然能够以相同
的速度继续运动。

[69] 要使一个给定物体具有更大的加速度（即更快的运动）需要更大的力；加速度
与力成正比。

[70] 因此，对于一个给定的力，加速度与其作用的物体的质量（重量）成反比。

成正比。我们还可以说，落体对介质的作用越大，介质或其粒子的反作用就越大。[71] 显而易见，介质的阻力越大（也就是说，介质的密度越大，或者介质越重，这是一回事），这个反作用也就越大。最后，显而易见，当物体受到更大的力推动时（换句话说，它越重，或者，更确切地说，当它比介质更重的时候），它会更容易地克服它的阻力。我们已经看到，一个充满气的气囊的**动量**很小，所以它在空气中会遇到很大的阻力；而一个铅球非常重，所以它在空气中几乎没遇到阻力。从这些事实来看，我们得出结论：如果没有介质，就会极其有利于气囊，而铅球却没怎么受益，它们的速度就会相等。现在，如果我们承认这样一个原理，即在一个介质中，由于真空或其他原因，[72] 不会产生阻力，所有的物体都会以相同的速度下落，[73] 我们就应该能够确定相似物体和非相似物体在相同或不同介质中运动时的速度之比，换句话说，我们就应该能够对亚里士多德提出解答的问题作出正确的回答，我们已经证明亚里士多德的解答是错误的。

的确，在注定要用伽利略的真理来代替亚里士多德的错误的考虑中，介质所起的作用将会出现在一个明显不同的方面。

63

---

　　[71]　作用与反作用相等的说法在这里是隐含的。此前，达·芬奇曾就碰撞对这一表述加以说明。

　　[72]　*Discorsi*, p.119.

　　[73]　落体对加速度的阻力与其质量成正比，对它的动力（即重力）也是如此；由此产生的加速度是均匀的。

它的作用将不再是动力学的，而是静力学的（或者，如果愿意的话，是流体静力学的，就像贝内代蒂认为的那样）。介质不会对落体产生阻力，而是会使它失去部分重量。

伽利略在介质作用的表现方式上有没有考虑到这种变化呢？他什么也没说，就直接从一个问题转到另一个问题。在我看来，他不可能混淆这两种观点。[74] 更可能的是，他认为这两者是重叠的；他相信读者能够做出必要的区分。无论如何，他断言，我们可以通过观察介质的重量来解决这个问题："它的重量减小了落体的重量：它是通过在介质中开辟一条道路并将介质部分推开的方式……既然我们知道介质的作用是通过被取代介质的重量来减小物体的重量，那么我们就可以用这个比例来减小物体下落的速度，从而达到我们的目的，在无阻力的介质中，我们假设物体的速度是相等的。"[75]

这个推理[76] 很奇怪，并且验证了我上文给出的对伽利略观念的解释："重量"是加速的"理由"或"原因"。如果作用在物体上的重量减少，那么加速度（因此速度）将会减小同样的量，只要这种重量的作用对物体所提供的阻力保持不变。

---

[74] 空气对钟摆或抛射物运动的阻力所起的作用是纯机械的，参见下文，第106—107页。

[75] *Discorsi*,p. 119.

[76] 根据这论证，从字面上看，速度与重量成正比，这是亚里士多德或贝内代蒂坚持的观点。但确切地说，伽利略的推理不能从字面上理解，因为它不是"速度"，而是"加速度"，这是一个问题。用现代术语来说，我们可以说，将一个重物淹没在使它"变轻"的介质中，就可以将引力质量与惯性质量区分开。

"例如，假设铅的重量是空气的 10000 倍，而乌木的重量只 64
有空气的 1000 倍。[77] 现在，这两种材料的绝对（即如果消除了
所有的阻力）速度将是相等的。但是，空气使铅的速度减小了
1/10000，而使乌木的速度减小了 1/1000，即 10/10000。因此，
如果空气的减速作用被消除，那么铅和乌木就会以相同的速度
下落；但是，空气会使铅的速度减小 1/10000，而使乌木的速度
减小 10/10000；[78] 也就是说，如果把物体下落的高度分成 10000
份，那么当铅到达地面时，乌木将落后 10/10000 或者 9/10000。
难道这不就等于从一座 200 腕尺的塔上下落的一个铅球，将比
从相同高度下落的一个乌木球领先不到 4 个指头的宽度吗？现
在，乌木的重量是空气重量的 1000 倍，但是充满气的气囊的重
量只有空气重量的 4 倍；因此，空气将使乌木的自然速度减小
1/1000，而使气囊的速度减小 1/4（在没有空气的情况下，它们
的速度应该是相同的）；因此，当乌木球从塔顶下落到地面时，
气囊只通过了 3/4 的距离。铅的重量是水的 12 倍，而象牙的重
量只有水的 2 倍，因此水从它们的绝对速度中抽取铅的速度的
1/12，抽取象牙的速度的 1/2。因此，当铅已经在水中下降了
11 腕尺时，象牙只下落了 6 腕尺。按照这个原理，我想我们会
发现，我们的计算比亚里士多德的计算更符合经验。"

---

[77] *Discorsi*, pp. 119 ff. 可以再次指出伽利略数据的虚构性质。

[78] 如果放在空气中，铅的重量会减少 1/10000，而乌木的重量减少 1/1000。因
此，前者的有效重量为"10000−1=9999"；后者为"1000−10=990"；或者说，在这两种
情况下，有效重量均等于物体重量超过介质重量的部分（*P−R*）。

如果我们一直进行实验，用实际的数代替萨尔维亚蒂的整数 1000 和 10000，适当地进行测量，使这些数表示在同一介质中的各种物体的比重[79]之间的真实比例，那么伽利略的计算无疑会比亚里士多德的计算要好得多。根据现有的证据，伽利略并没有做过这样的实验，他甚至没有声称做过这样的实验。我们仍然像往常一样处于思想实验领域。

同样，还有一些思想实验可以使我们发现不同介质中物体下落速度之比：

65

"不是通过比较介质的各种阻力，而是通过考虑介质中物体超过介质的那部分重量。[80] 例如，锡比空气重 1000 倍，比水重 10 倍；然后，把锡的绝对速度分成 1000 份，在空气中，它会以 999 的速度运动，而它在水中的速度只有 900，因为水抵消了它重量的 1/10，而空气只抵消了它重量的 1/1000。再选取一个比水稍重的固体，例如橡木。设一个橡木球的重量为 1000 德拉克马（drachms），假设同体积的水的重量为 950，而同体积的空气的重量为 2；那么很显然，假设这个橡木球的绝对速度是 1000，那么它在空中的速度是 998，而在水中的速度只有 50，因为水将减去物体重量 1000 中的 950，只剩下 50。因此，这个物体在空气中的运动速度是在水中运动速度的 20 倍，因为它超过水的重量的部分只是它自身重量的 1/20。在这里，我们要注

---

[79] 伽利略并没有像克鲁（H. Crew）和萨尔维奥（A. de Salvio）在《两门新科学》的英译本中所做的那样提到比重。然而，它的意义是明确的。

[80] *Discorsi*, p. 120.

意的是，只有比水更重的物质才能在水中向下运动，因此，这些物体一定比空气重几百倍。所以，在计算它们在空气与在水中的速度之比的时候，这并不会造成什么重大误差——空气并没有使这些物质的绝对重量（因此也没有使其绝对速度）显著减少。因此，很容易发现它们超过水的重量的部分，我们可以说，它们在空气中与它们在水中的速度之比等于它们的总重量与它们的超出水的重量的那部分之比。例如，一个象牙球重 20 盎司；同体积的水重 17 盎司；因此，象牙在空气中与它在水中的速度之比大约是 20∶3。"

伽利略的"流体静力学"论证非常接近于贝内代蒂的论证。唯一的不同是使用对话的形式、优雅的风格、例子的数量和种类。如果贝内代蒂在讨论真空和阻力介质中下落速度的问题时几乎总是强调比重，而伽利略总是简单地说重性，那么他的例子通常暗示了比重，并且采用的是以读者不会被误导的方式。尽管通过遵循同样的思路，并且他们在论证中都采用相同的阿基米德方案，但贝内代蒂与伽利略却得出了明显不同的结论。正如我所说的，前者断言，具有相同的材料或**比重**的物体（无论大或小、重或轻）以相同的速度下落，不同比重的物体以不同的速度下落，无论是在真空中还是在充实空间中都如此；伽利略坚持认为，它们在真空中的速度是相同的。我们如何解释这种结论上的差异呢？贝内代蒂只是犯了一个错误吗？或者，另有原因？

66

首先，让我们引用贝内代蒂的话：[81]

"我进一步假设，具有不同同质性并在相同介质中经过相同空间的相似物体的运动之比，是它们（重性或轻性）超出介质的部分之间存在的比例……反之，也就是说，如上所述，超过介质的部分之比等于物体运动之比。

这一点明确如下。考虑一种均匀的介质 X，比如说水，在水中有两个不同的同质物体（也就是说不同种类的物体）。例如，设物体甲为铅，设物体乙为木头，设每个物体都比一个由水构成的物体重。[82] 然后，给出这样的球形水体，称为 m 和 n……设 m 是等于乙的水体，n 是等于甲的水体；设甲的重量是 n 的 8 倍，乙的重量是 m 的 2 倍。因此，我现在断言，物体甲的运动与物体乙的运动之比（持有相同的假设）等于物体甲超过 n 的剩余部分与物体乙超过 m 的剩余部分之比：也就是说物体乙的运动时间将是物体甲的运动时间的 7 倍。这由阿基米德的著作《论浮体》（De insidentibus）的第 3 个命题很容易得出，如果物体乙与物体甲分别与 m 和 n 的重量相等，那么它们就不会有运动，既不会向上，也不会向下。根据这本书的第 7 个命题，即重于介质的物体会向下运动，所以物体乙与物体甲将会向下运动。因此，介质的阻力（即水的阻力）与物体乙之比为

------

[81] G. B. Benedetti, *Resolutio omnium Euclidis problematum* (Libri, op. cit., pp.259 ff), p.50, n.1.; pp.353 ff. 在我关于贝内代蒂的论文的第 49 页脚注 4，原文中有一张图表，我认为没有必要在这里重复。

[82] 木头是水的两倍重！贝内代蒂有点夸张了。

1:2……与物体甲之比为 1:8。因此，物体甲的中心通过给定的空间所用的时间是物体乙的中心通过上述空间所用时间的 1/7……这是因为从已经引用过的阿基米德的那本书中可以得出，运动与运动之比并不是与乙和甲之间的重量之比有关，而是与乙和 m 相比的重量与甲和 n 相比的重量之比有关。这种假设的反例显而易见，上面的考虑很清楚。

从其中显而易见的是，较快的运动不是由较快的物体超出较慢的物体的重性或轻性引起的……而是由于两个物体之间（在重性或轻性方面）种类差异引起的。" 67

简而言之，如果贝内代蒂同意亚里士多德的观点，即驱动一个落体的"动质"（virtue）或"性质"与其重量成正比，那么这就不是一个物体的绝对重量的问题，而是其比重的问题。此外，根据阿基米德的理论，由于它放置于其中的介质的作用，这种重量减少了，需要考虑的只是剩余重量（物体比重超过介质比重的部分）；而正是这些不同比重的物体所提供的这些不同的超出部分的重量之比决定了它们的速度之比。因此，在给定的介质中下落物体的重量应当减去而不是除以介质的重量；也就是说，减去一个同体积的介质的重量。[83] 因此，速度是 $P-R$，而不是 P/R；在同一介质中，不同物体的速度将以其重量超过

---

[83] 算术比例，而不是几何比例。

介质的比例计算，[84] 即 $V_1 / V_2 = (P_1 - R) / (P_2 - R)$。

这正是伽利略的解释。

因此，贝内代蒂有充分的理由来说明他的观念"不符合亚里士多德的教导"。难道他没有补充说，"也不符合他的任何一位（他有机会阅读或与之交谈的）评注者的观点"吗？我们当然没有理由怀疑他不真诚。此外，他的理论（作为一个整体）并不见于这位斯塔利亚人（Stagyrite，即亚里士多德——译者按）的任何评注者。然而，在菲洛波诺斯的著作中却发现了与下落理论相当类似的东西，尤其是在他对亚里士多德的《物理学》的评注中，贝内代蒂很容易找到它。[85] 亚里士多德的中世纪评注者在对他的动力学进行深入批判的过程中得出结论：物体的速度不是取决于动力与阻力之比（F/R），而是取决于前者超过后者的部分。[86] 然而，事实上，菲洛波诺斯并没有提到阿基米德，而且中世纪的学者也没有把他们的观点应用于下落运动。

30 年后，贝内代蒂在他的《数学与物理学思辨歧异之书》

68

---

[84] 或者更准确地说，如果 P_c 是物体的重量，而 P_m 是介质的重量，那么 $V_c = P_c - P_m$ 并且 $V_c^1 / V_c^2 = (P_c^1 - P_m) / (P_c^2 - P_m)$。

[85] 菲洛波诺斯的评注是 1535 年（希腊文）首次出版的；拉丁译本出现在 1539 年、1546 年、1550 年、1554 年、1558 年和 1569 年。此外，伽利略在他的《论重物的运动》（p.284）中引用了它，当谈到在真空中的运动时（参见下文，第 100 页）："真理的力量是如此强大，以至于最有学识的，还有逍遥学派的人们都已经认识到了亚里士多德学说的错误，尽管他们中没有人能适当地削弱亚里士多德的论证……其中包括司各特、托马斯和菲洛波诺斯。"

[86] 参见本章脚注 37。

中再次回到这个问题，他写道：[87]

"当两个物体在其表面上有或受到一个相同的阻力时，它们的运动将以与它们的动力完全相同的方式成比例地相关：反之，当两个物体有相同的重性或轻性以及不同的阻力时，它们的运动将以相反的方式具有与它们的阻力相同的比例。"

但是，等一下，这决不能按照亚里士多德的说法来解释。事实上：

"还可以假定，任何重物在不同介质中的自然运动速度与这个物体在这些介质中的重量成正比。例如，如果任何重物的总重量用 ai 表示，并且如果这个物体被放置在某种比其自身密度更小的介质中（因为如果它被放置在比它密度更大的介质中，它就不是重的而是轻的，就像阿基米德所表明的那样），然后，从物体的重量中减去与介质相等一部分 ei，使 ae 部分保持自由发挥作用。如果物体被放置在某种密度更大但仍然小于物体本身密度的的介质中，则减去重量等于这种介质的一部分 ui，那么剩余部分的重量为 au。

我断言，物体通过密度较小的介质的速度与随后通过密度较大的介质的速度之比是 ae：au。这比我们说的 ui：ai 更符合

---

[87] *Diversarum Speculationum Mathematicarum et Physicarum Liber* (Taurini:1585), pp.168 ff. 在分析物体下落的速度时，贝内代蒂只考虑了动力，因为他所处理的是自然运动，而物体本身对自然运动没有任何阻力。当运动受到外力时，情况就不是这样了，在这种情况下，介质的外部阻力加上物体的内部运动阻力（例如，被举起或甚至水平移动的阻力）。

理性，因为速度是由动力决定的……我们现在所说的类似于我们在上面所写的，因为可以说，两个异质物体（它们的形状相似，大小相等，并且在同种介质中运动）的速度之比等于它们的重量之比，就是在说一个物体在不同介质中的速度之比等于它在这些介质中的重量之比。"

上述说法不符合亚里士多德的教导。但亚里士多德是错误的，尤其是他认为重性与轻性是一个物体所特有的相反性质。事实上，并非如此：所有的物体或多或少都是重的，而它们的基本性质在于它们的密度或稀薄程度。所谓的轻物只不过是由于放置在比它更重的介质中而不那么重的物体；或者更确切地说，它们在密度更大的介质中是更"稀薄的"物体。[88] 现在，至少在思想中，我们可以通过改变介质的疏密程度将（相对于介质）较重的物体转化为较轻的物体，反之亦然。同样，我们可以通过改变介质的密度来改变给定物体在不同介质中的下落速度。特别是，我们可以通过使介质变得更加稀薄来增加速度。然而，它永远不会达到无限，即使在真空中；事实上，亚里士多德对在真空中运动的反驳是无效的。相反，正是在真空中，不同比重的物体会以不同的速度下落，而且是以这些物体所特有的速度下落。事实上：

"在一个充实空间中，从物体重量的部分中减去外部阻力的

---

[88] *Diversarum Speculationum Mathematicarum et Physicarum Liber* (Taurini:1585), pp.174 ff；以及本章脚注 61。

部分，剩下的部分决定了物体的速度之比，如果阻力的部分等于重量的部分，则速度为零；[89] 正因如此，在真空中的速度与在充实空间中的速度并不相同。不同物体（即由不同实体构成的物体）的速度将与它们的绝对比重成正比。"

另一方面，在真空中，由相同质料构成的物体，无论大小，都具有相同的速度；而一颗炮弹下落的速度并不比一颗火枪子弹更快。

贝内代蒂的推理似乎毫无瑕疵，因此，他得出的结论似乎也是如此。在伽利略青年时代的著作中，我们会再次发现同样的情况。事实上，如果介质"减去"通过其中的物体的重量（因此，"减去"它的速度），而且如果介质从相同尺寸但不同种类（即不同比重）的物体中减去不同的百分比，即使减去的重量的绝对量是相同的，其结果是它们在介质中下落的不同速度与它们的不同重量超过介质的重量的不同值成正比（$V_1 = P_1 - R$ 以及 $V_2 = P_2 - R$）；那么，这难道不意味着当通过将物体置于真空中来抑制介质的作用时，我们在它们的重量和速度上增加相同的数量，却因此得到不同的结果吗？这正是青年时代的伽利略在他的著作《论重物的运动》（De motu gravium）中所说的：[90]

"同一个物体在不同介质中下落的速度之比等于其重量超过

70

---

[89]　也就是说，如果动力等于阻力。

[90]　参见 De Motu Gravium, pp.272 ff。

介质的重量之比；因此，如果运动物体的重量是 8，而等体积介
质的重量是 6，那么它的速度是 2；如果等体积的另一种介质的
重量是 4，那么它的速度是 4。因此，速度之比为 2:4；而不是
亚里士多德所说的密度之比。另一个问题的答案也同样显而易
见：体积相同，但重量不同的运动物体在同种介质中下落的速
度之比是多少？这些运动物体的速度之比将等于它们的重量超
过介质的部分之比。例如，假设有两个体积相同但重量不同的
运动物体；设其中的一个重量为 8，另一个重量为 6；并且设等
体积的介质的重量为 4: 那么其中一个物体的速度将是 4，另一
个物体的速度是 2。因此，它们的速度之比是 4:2，而不是它们
的重量之比，即 8:6。"

伽利略补充说，他发展的概念使得计算不同物体在不同介
质中下落（或上升）的速度之比成为可能，结论如下：[91]

"因此，这就是运动比例的普遍规则，无论物体在同种介
质中或在不同介质中下落或上升，无论这些物体的种类是否
相同。"

尽管如此，伽利略警告我们，这些规则在任何情况下都无
法被实验所证实：轻物下落的速度比它们应有的下落速度快得
多，甚至在运动的开始阶段比重物下落的速度还要快。我们必
须解释观察到的事实与理论之间的不一致，而不是以任何方式

---

[91] *De Motu Gravium*，p.273.

暗示这是错误的。这个差异意味着存在一个额外的影响因素。[92]　71

正如我们所看到的，伽利略的"规则"实际上就是贝内代蒂的规则，两者都意味着在真空中运动的可能性：物体会以有限但不同的速度在真空中下落。亚里士多德的错误在于没有意识到重性与轻性并不是物体的绝对性质，而仅仅是一种相对性质，这些性质表示物体自身的密度与物体所处的介质的密度之间的比例。尤其是，他错误地把动力与阻力之间的关系表述为一个几何比例，而不是一个算术比例。因此，他得出结论：在真空中，速度是无限的。[93]

"在几何比例的情况下，较小的量必须能够乘以很多倍，才能超过任何给定的大小。因此，所说的数量一定是某种东西；它不可能是无；因为与无相乘不能超过任何数量。然而，这一要求在算术比例中并不成立；在算术比例中，一个数和另一个数的关系可以与另一个数和零的关系一样……因此 20 和 12 的关系与 8 和 0 的关系一样。正因如此，正如亚里士多德所认为的那样，如果运动的几何比例等于一种介质密度和另一种介质密度的几何比例，我们就应该有理由得出结论：在真空中不可

---

[92] *De Motu Gravium*，p.273，其中论述道："但应当被注意到的是，这里产生了一个很大的困难：这些比例是不能被那个做试验的人去观察确知的。因为假使他抓着两个不同的运动物，其有着如下状况，即一个被带着运动得更快，是另一个的两倍，而他从塔上释放它们，它会更快还是两倍快地到达地面，这是不确定的。然而假若他去观察，那个更轻的物体的运动会在一开始便超过更重的物体，也运动得更快。当然，这里出现的各种各样的差异，以及在某种意义上的奇迹，不是要在此探究的。首先应当考虑的是，为什么自然运动会在一开始更慢。"

[93] Ibid., pp. 278ff.

能发生任何运动。事实上，在一个充实空间中运动的时间与在真空中的（运动）时间之比不可能等于充实空间的密度与真空的密度之比。但如果速度依赖于算术比例，而不是几何比例，那么这个结论就没有荒谬之处。"

事实上，实际情况就是如此。[94]

"因此，物体在真空中运动的方式与在充实空间中运动的方式相同。在充实空间中，物体的运动取决于它的重量超过它在其中运动的介质重量的程度；同样，在真空中，运动取决于运动物体的重量超过真空重量的程度；由于真空的重量为零，运动物体的重量超过真空重量的程度等于它的总重量。因此，相对于总重量，它比在充实空间中运动得更快。事实上，由于运动物体的重量超过介质重量的部分小于运动物体的总重量，所以它在任何充实空间中都不会运动得这么快；同样，它的速度也会减小。"

因此，在真空中运动的物体的速度不会是无限的（这是荒谬的），也不会是相同的。相反，它们的速度取决于它们的比重：一个比重为 8 的物体会以 8 个单位的速度下落，而一个比重为 4 的物体会以 4 个单位的速度下落；而具有相同比重的物体下落的时间相同。[95]

我认为没有必要在这个问题上多费口舌。正如我们所看

72

---

[94] *De Motu Gravium*，p.281.

[95] Ibid., p.283.

到的，青年时代的伽利略在所有细节上都采纳了贝内代蒂的学说；[96] 更重要的是，这绝不是荒谬的。事实上，让我们假设重力是通过一种地界吸引力而引起的，类似于磁力，或者仅仅是"相似物体"之间的吸引力。那么，这些物体中的某些物体比其他物体更强烈地受到地球的吸引——它们会更重——这也就不会有什么令人惊讶的了。我们应该说，一个物体的惯性质量与它的引力质量是不相等的。[97] 毫无疑问，人们可能会反对说，贝内代蒂（甚至是伽利略）不是用吸引来解释重力，而是把它看作物体的自然属性，与它们的密度相联系甚至完全等同；这是完全正确的。我并没有将重力的吸引理论归于贝内代蒂：我只是举了一个例子来证明，物体以相同的速度在真空中下落并不是绝对必然的；它们完全可以以不同的速度下落。[98] 此外，我们还可以补充说，贝内代蒂并不知道惯性质量的概念，也不知道物体对加速的内部阻力，甚至在"自然"运动中**对运动的阻力**；因此，他既不能区分惯性质量与引力质量，也不能将二者等同起来。这是一个事实，它解释了为什么伽利略以一种明显与贝内代蒂相同的方式进行推理，并在他的《论重物的运动》中得出了一个与贝内代蒂相同的结论，一个与《两门新科学》中的结论完全不同的结论，就像他以前在《对话》中所做

---

[96] 伽利略没有引用他的话，但两者之间的联系是显而易见的。

[97] 参见本章脚注 76。

[98] 贝内代蒂"解释"说，物体持续不断地产生新的**冲力**而加速的下落运动，他可以很容易地承认比重更大（密度更大）的物体会产生更大的**冲力**。

的那样。事实上，如果我们不赋予下落物体一个内部阻力来对抗作用于它的力；[99] 如果我们只考虑外部阻力（与亚里士多德一样）；如果我们接受**速度和动力之间**的简单比例，那么我们就只关心动力的变化。然后算术论证就具有了它的全部意义。然后，贝内代蒂与青年时代的伽利略的这种概念应该被适当的承认。

73

另一方面，如果正如伽利略在上文引用的这段话中所做的那样，我们承认（即使只是含蓄地承认），在自然运动中下落的物体对其状态的改变（即加速度）具有内部阻力；此外，如果我们假设阻力与物体的质量（即它的绝对重量）成正比，我们就会立即得出重物在真空中同时落地的命题；由此，我们将亚里士多德赋予**外部**阻力的**几何**比例转移到**内部**阻力。[100] 在动力学方案中重新引入几何比例并不止于此。当我们研究物体在有阻力的介质中而不是在真空中的下落时，也就是说，当我们研究外部阻力所起的作用时，我们不能仅限于确认它是通过动力的**算术**减少而表现出来的；或者更确切地说，我们不能得出这样的结论，即所有物体向下运动的速度都将有类似的算术上的减小。动力的减小将根据不变的内部阻力来进行评估，我们将通过这种几何关系来确定产生的速度；或者，我们可以将它

---

[99] 在自然运动下，这个"力"与物体是一体的。当运动受到外来影响时，情况就不是这样了：因此，物体对从外部作用于它们的力提供了内部阻力。

[100] 动力与内部阻力都与物体的（绝对）重量成正比，也就是说，加速度是恒定的。因此 g 是一个普遍常数。

确定为物体重量（它的绝对重量减去介质的重量）的函数，这
是一回事；或者，将它确定为在介质中的动力与在真空中的绝
对动力之比，这也是同一回事；或者用现代术语来说，将它确
定为在介质中的有效重量与其惯性质量之比。[101] 因此，当介质
变得越来越稀薄，落体运动的阻力在无限范围内不断减小，无
限接近于一个真空时，我们将发现速度不是不同的，而是相同
的。我们得出这个结果只是因为它是我们的起点。

74

伽利略关于重物同时落地的断言，就其目前为止在《两门
新科学》中提出的形式而言，仅仅建立在**先验**的论证与思想实
验的基础之上，[102] 这一点我们现在已经很清楚了。到目前为止，
我们还从未遇到过一个真实的实验；[103] 伽利略所引用的数据没
有一个与实际进行的测量有关。我并不为此责备他，相反，我
倒想为他争取荣誉和功劳，因为他自己知道如何通过不做实验
就能得出结论（他不做实验这一事实对证明这一点是不可缺少
的）：因为这些实验无法通过他所掌握的设备在实践中实现。
实际上，在空气泵发明之前，如何能够实现在真空中下落？至于
在一个充实空间中的实验，在精密时钟发明之前，如何**精确地**测

---

[101]　因此，给定重量的物体在给定的介质中的速度由（物体重量－介质重量）/（物
体重量）决定；或通过力超过外部阻力的部分与内部阻力的比例，$(P-P/n)/P=(n-1)/n$
或 $(F-R_外)/R_内$，参见本章脚注 76。

[102]　伽利略是否抛弃了在《论重物的运动》中使用的贝内代蒂的概念，因为他看
到这个概念与实验的符合程度并不比亚里士多德的概念高多少？这是可能的，上面的引文
（本章脚注 92）正好指向这个方向。另一方面，运动守恒的发现以及以加速运动代替动力
的主要和适当的作用（惯性原理），显然并不能使他这样做。

[103]　甚至更晚。一个世纪以后，阿特伍德（Atwood）才进行了一次真正的实验。

量从某个塔顶投掷的物体在运动中的微小损失或增益呢？[104] 此外，尽管他描述的方法很巧妙，[105] 但怎样才能正确测量空气的重量或密度呢？因为如果测量结果不是正确的，它们就不会有什么价值。伽利略知道这一点，他甚至比任何人都更清楚这一点。

当然，忽视或最小化实验所起的作用是不可能的。显然，仅凭实验就能提供数据，而如果没有这些数据，我们对自然的认识就仍然是不完整和不完善的。这也是正确的（伽利略在这个问题上已经非常清楚地表达了自己的观点），只有实验才能揭示在任何特定情况下，在适合于某种目的的众多方法中，选择哪一种才是正确的。[106] 即使在处理基本的自然定律时，例如，在理论上纯推理就足够的情况下，实验本身也可以确保不存在其他看不见的因素来干扰它们的应用；而且事物发生在有形的现实中，在这真实的空气中（in hoc vero aere），就像在我们的演绎所依据的具体化的阿基米德之几何世界中所发生的一样。而且，从另一个可能被称为教学方法的观点来看，没有什么可以取代实验：实验指出了亚里士多德学说在现实方面的缺陷，以及它的内在矛盾，迫使辛普里丘相信它是错误的。伽利略关于重物落地的学说是如此新颖，初看起来也是如此违背事实和

---

[104] 里乔利在他的实验中使用了一个人力钟，参见下一章《一个测量实验》。

[105] 例如，通过将一定体积的空气放入已经充满空气的皮革瓶中来称量空气；多余的重量与皮革瓶中多余的空气相对应（*Discorsi*, pp. 121 ff）。

[106] 在《试金者》（*Il Saggiatore*）中的草蜢是经典的例子。诉诸实验取决于数学引入富有成果性的经典科学，在这个问题上，笛卡尔与伽利略并无不同；参见 "Galilée et Descartes", in *Congrès International de Philosophie* (*Congrès Descartes*) (Paris: 1937)。

常识，仅靠实验确证就可以使之被接受。毫无疑问，伽利略所引用的论证和"实验"足以让以萨格雷多为代表的开明人士摆脱偏见。但其他人呢？对他们来说，还需要更多的东西，即一个真实的实验。

因此，我们对伽利略为他的学说寻求实验证明并不感到惊讶；我们不得不钦佩他高超的独创性，因为他看到了不可能直接进行的实验，他在自然中发现了一种现象，对其进行适当的解释和轻微的"修正"（让我们在适当的地方承认它），就能为他提供间接的确证。这就是他发现或认为是他所发现的钟摆的等时运动。[107]

"萨尔维亚蒂：让两个重量尽可能不同的物体从一个高度下落，以确定它们的速度是否相同的这一实验存在一些困难——因为如果这个高度相当高，那么下落物体必须通过和推开的介质对非常轻的物体之轻微动量的影响将比非常重的物体的强迫大得多，所以轻物将在长时间的下落中被甩在后面；如果高度很低，人们可能会怀疑这两者是否有真正的区别，或者即使有区别也不可察觉。因此，我想到一再重复地从较低的高度下落，使得重物与轻物先后落地的微小时间差可以累积，将它们加在一起就相当于一个可以且易于辨认的时间段。此外，为了

76

---

[107] *Discorsi*, pp. 128 ff. 钟摆的等时性似乎在 17 世纪初已被普遍承认，巴利亚诺甚至将其作为一个原理。伽利略的特点在于他试图证明这一点。关于巴利亚诺，参见 S. Moscovici, "Sur l'incertitude des rapportsentre expérience et théorie au XVIIe siècle", in *Physics*, 1960。

能够尽可能缓慢地运动，以减小介质的阻力对完全取决于重力的效果的改变，我想过让物体落在一个不比水平面高出很多的平缓的斜面上；因为在这样的斜面上，人们可以观察到不同重量的物体的行为与从垂直高度下落的情况差不多。[108] 为了更进一步，我还想消除这些物体接触到斜面可能产生的任何阻力：最后我选取了两个球，一个是铅球，另一个是软木球，前者至少比后者重 100 倍，并且用两根相同的细线将它们悬挂起来，每根线大约有四五腕尺长，将它们固定在顶端。[109] 然后，我把它们从垂直处拉回来，在同一时刻放开它们，使它们通过相同的弦所画出的圆周，经过竖直位置，沿着同样的路径返回；重复这些往返运动至少 100 次，它们清楚地表明，重物非常好地跟随着轻物的周期，即使在 100 次甚至 1000 次的摆动中，它也不会领先轻物一丁点儿，[110] 它们完全保持同步。介质的作用也是显而易见的，因为通过对运动的阻力，它在减少软木球的振动上比减小铅球的振动要多得多，但这并不意味着它使两者的振动频率有任何增加。当软木球所画出的弧不超过 5° 或 6°，而铅球所画出的弧达到 55° 或 60° 时，它们的振动仍然在相同周期内完成。"

---

[108] 用斜面上的运动代替自由落体是伽利略的著名主张之一。通过他的斜面实验，他能够证实他的关于物体下落定律的有效性；关于这个问题，参见 *Études galiléennes*, II；以及下一章《一个测量实验》。

[109] *Discorsi*, p. 128. 因此，这是一个双线摆，它的发明通常归功于西芒托学院，因此应该恢复伽利略的功劳。

[110] 也许有人会问，伽利略是否真的观察了他的钟摆的 1000 次摆动。

辛普里丘对这种论证的矛盾性感到有些困惑并非没有道理。事实上，当两个球中的一个的弧度是 5°，另一个的弧度是 60° 时，又怎么能说这两个球以相同的速度运动呢？铅球的运动不是显然要快得多吗？毫无疑问，这个更快的速度与球的重量无关（至少不是直接的）；它是下落高度的一个函数。这个证明在于角色是可以颠倒的，也就是说，软木球可以画出一个 50° 的弧线，而铅球可以画出一个 5° 的弧线。它们所用的时间相同，因为它们会以相同的周期画出相等的圆，不管是 5° 还是 50°。萨尔维亚蒂接着说：[111]

"但是，辛普里丘，当软木球被竖直拉开 30° 而必须通过一个 60° 的弧线，[112] 而铅球从同一中心点只被拉开 2° 而通过 4° 的弧线时，如果它们在相同时间内走完各自的路程，您又会怎么说呢？那么，软木球是不是同样会更快呢？实验表明事实就是这样。但是要注意的是：例如，铅摆从竖直方向后拉 50°，然后松开，又下降了 50°，再从竖直方向经过将近 50°，描述了一个几乎 100° 的弧线；然后自动返回，描述另一段略小的弧线，并继续多次这样的摆动，在重复很多次摆动后最终归于静止。这些每一次的振动，无论是 50°、20°、10° 或 4°，都需要相等的时间；因此，当物体在相同的时间内通过的弧线越来越小时，其速度也不断地减小。悬挂在同样长的绳子上的软木球的

---

[111]　*Discorsi*, p.129.

[112]　完整的摆动弧线。

情况完全类似，除了它归于静止所需要的振动次数较少，因为它重量较轻，克服空气阻力的能力较弱：[113] 尽管如此，在任何情况下，所有的振动（无论大小）都是在相等的时间内进行的，也与铅球振动的时间相等。因此，当铅球通过一个 50° 的弧线时，软木球只通过一个 10° 的弧线，软木球确实比铅球慢；另一方面，这种情况也会发生，即软木球通过一个 50° 的弧线时，铅球只通过一个 10° 或 6° 的弧线：由此，在不同的时间，有时铅球运动较快，有时软木球运动较快。但是，如果这些物体在相等的时间内通过相等的弧线，我们就完全可以说它们的速度相等。"

78   这个证明是完整的；[114] 重物同时落地的定律得以确立；在具体现实中观察到的偏差很容易用空气阻力来解释，而对于更

---

[113]   奇怪的是，在《两门新科学》中的第四天，伽利略断言，铅球和软木球的摆动次数是一样的。

[114]   钟摆的等时理论，之前在《对话》的不同语境中讨论过，例如，一个物质钟摆的运动（p.257）、沿着圆周下落（p.474 ff），在这里则被描述为完全基于实验。同样，在《两门新科学》的第四天（p.277 ff），对于我刚才提到的那个问题，伽利略只补充了以下的评论：空气提供的阻力与运动物体的速度成正比，它对快速运动和缓慢运动（大的摆动和小的摆动）的延缓作用是相同的，因此，对它们的持续时间没有影响。但是，第一天和第四天的讨论是在一个相对通俗普及的层面上进行的，而且是用意大利语写的。正确的证明（即数学证明）是在第三天给出的，它是用拉丁语写的。它是基于以下命题（定理 VI，命题 VI，pp.221 ff）：（1）一个重物沿着圆的竖直直径下落的时间与沿通过其最低点的任何一条弦下落的时间是相同的；（2）沿连续两条弦下落的时间比只沿一条弦下落的时间更短。由此可知，沿着圆周下落将以最大的速度进行，时间总是相同的。我们不得不钦佩伽利略的证明的优雅和独创性；即使沿着圆周下落不是最快的，而且不是在相等的时间内发生（摆线具备这些属性），它仍然是正确的，用 18 世纪的术语说，"等时曲线"（tautochrone）与"最速降线"（brachistochrone）不过是同一条曲线。

快的运动来说空气阻力更大，并且重物比轻物更容易克服它。当然，这也取决于运动物体的形状（这一事实早已为人所知），以及它们能够穿透和推开周围空气的难易程度。[115] 最后，这还取决于它们表面的本性是光滑的还是粗糙的，以及它们的体积，前提是所有其他方面都是相似的。机械阻力实际上是物体表面与重量之比的函数；大物体的比例低于小物体的比例；这一事实回答了萨格雷多之前提出的问题，现在他又回到了这个问题：为什么炮弹的下落速度比步枪子弹的速度更快？再一次，物体的重量不是问题的关键。

我们可以表达这样的观点，伽利略如此强烈坚持的钟摆的等时性对于他的证明是没有必要的，只需要证明从同一高度下落的两个球（一个是软木球，另一个是铅球）将在同一时间到 79

---

[115] 由于空气提供的阻力，在我们这颗行星上下落的物体不可能完全符合下落的数学定律；它们只能部分地近似地符合。事实上，（1）由于空气的流体静力学作用，使放置在空气中的物体"变轻"，引力质量与惯性质量不完全相同——重物比轻物下落得更快；（2）介质的阻力随加速度的增加而增加，因此不是恒定的，而是增加的；因此，下落运动不是"匀"加速，而是"非匀"加速，过了一段时间后就会变成一个匀速运动。由于这个原因，每一种介质（尤其是空气）都有一个最大下落速度，任何物体在自由落体过程中，无论从多高的高度下落，也无论下落持续多长时间，都不能超过这个速度。然而，通过人工方式（例如，大炮的炮弹）可以超过它。伽利略称这样的速度为超自然的（supernatural）速度（参见 *Discorsi*, pp.275-278）。

有趣的是，作为用加速度代替运动以及将阻力从物体的外部转移到内部的结果，伽利略物理学发现自己处于一种接受亚里士多德物理学中导致荒谬结果的地位。（参见本章脚注 13）。尤其是：（1）施加于一个阻力（惯性）的任何力（无论多么小，无论多么大）都会产生运动；（2）当动力等于阻力时，所产生的运动总是具有相等的或恒定的速度。

达它们的终点（在垂直方向）。毫无疑问，事实就是这样。[116]但就伽利略而言，钟摆的等时性不仅是他引以为豪的伟大发现，而且也是实验与理论几乎完全一致的极少数例子之一。此外，它还提供了一种方法：（1）尽可能消除影响研究之主要因素的次要因素（此处为空气阻力）的不利影响；（2）由于它们的积累，可以观察到那些单独观察无法察觉到的微小影响。现在，这无疑是一个极其重要的问题，这是一个重大的改进，称之为实验技术的革命并不为过；这一改进远远超过了伽利略用斜面上的下落代替自由下落时所取得的成就。因此，我们可以理解他赋予它的价值，以及他将其付诸实施的愿望。

但是，理论和实验之间的这种一致实际上是真的吗？换句话说，实验能证明钟摆的等时性吗？或者，至少，对这个理论证明加以确证？遗憾的是，并没有。因为钟摆不是等时的，正如梅森**通过实验**所证实的那样（惠更斯从理论上证明了这一点）。现在，如果梅森使用的方法不同于伽利略的方法，并且比伽利略的方法更精确，[117]那么长摆动与短摆动的持续时间之间的差异仍然是非常明显的，因此这一差异在伽利略产生的摆动中不可能不被观察到。[118]然后，他做了什么呢？他修正了"实验"；他把它放在想象中，抑制了实验的偏差。他这样做是错误

---

[116] 更正确的说法是：如果他们真的这么做了，情况就会是这样。

[117] 参见《一个测量实验》。

[118] 或者：关于大摆动和小摆动的非等时性，这种偏差在软木球和铅球的两次通过中都出现了。

的吗？一点也不！因为科学思想的进步不是通过遵循实验，而是通过超越实验。

让我们现在回顾一下。在这项研究的过程中，我们试图用亚里士多德动力学的基本公理来描述它：运动物体的运动与动力成正比，与阻力成反比（$V = F/R$），因此，恒定介质中的恒力产生匀速运动。与此相反，我们提出了经典动力学的基本公理，即运动物体的运动是守恒的，恒力产生的运动不再是匀速的，而是加速的。我们通过贝内代蒂与青年时代的伽利略追溯了对亚里士多德动力学的批评，这种批评首先是用阿基米德的方案取代了亚里士多德的（$V = F/R$），并以这个下述方案结尾："加速度与动力成正比……并与（内部和外部）阻力成反比：$A = F/R$，或 $A = F/(R_i + R_e)$。"任何人都会注意到这个公式与亚里士多德公式的相似之处。

让我们仔细看看，我们在这两个公式中发现的不是一种相似性，而是一种形式上的一致性。事实上，第二个公式可以通过增加（即在外部阻力的基础上增加内部阻力）与替换（用加速度代替运动），从第一个公式中推导出来。在外部介质的基础上增加内部阻力并不会改变亚里士多德动力学的结构，甚至可以认为它隐含在其中。就像开普勒在其灵感最深处的动力学是亚里士多德的：[119] 在这个例子中，速度总是与力成正比，而恒

80

---

[119] 对开普勒来说，运动与静止就像光明与黑暗那样对立；参见 *Études galiléennes*, III。

力产生匀速运动。另一方面，用加速度代替运动是一个彻底的剧变，它不再是对古代动力学的修改，而是一种代替。

然而，为什么亚里士多德认为运动（或速度）与动力成正比？因为他把它看作一个变化（κινησιS），一个运动物体从来没有处于相同的状态（semper aliter et aliter se habet）的过程；并且因为所有的变化必然需要原因—— 一个与其结果相称的原因。由此必然产生了与运动相称的动力因，并在没有动力因的情况下停止运动。没有动力因就没有也不可能有运动：没有原因就没有结果（sine causa non est effectus），以及原因终止，结果便终止（cessante causa, cessat effectus）。

伽利略物理学（经典物理学）不再把运动（至少是匀速运动）看作一个变化，而是将它看作一个真正的"状态"。[120] 不仅如此，它能够自我持续和自我维持而不需要"原因"：即使失去或脱离了驱动力，运动物体仍然会继续运动。另一方面，加速度是一种变化；事实上，运动物体并没有保持相同的状态：总是不同地有其自身（se habet aliter et aliter）。此外，加速需要一个原因或力与其本身严格相称；当后者停止作用时，它就停止产生。没有原因就没有结果；原因终止，结果便终止。

如果我们用一个更抽象、更重要的术语 k（κινησιS）来代替相对具体的 V（速度）与 A（加速度），我们将得到 $k = F/R$，这对伽利略和亚里士多德是一样的。从哲学的角度来看，这在

81

---

[120] 笛卡尔虽然不使用这个术语，但众所周知，这个术语来自他。

我看来是一个非常令人满意的结果。

附录

在前面的几页中，我试图描述伽利略对思想实验方法的使用，它与真实的实验同时进行，甚至优先于真实的实验。事实上，这是一种极其富有成果的方法，它把理论的要求体现在假想的物体中，从而使前者以具体的形式表现出来；并使我们能够将有形的现实理解为对它所提供的完美模型的偏离。[121] 然而，必须承认，这种方法并非没有危险；在将思想转变为具体形式方面很容易屈服于一种走极端的倾向，有时还会要一些相当烦人的把戏，并导致被现实不断驳斥的断言。唉！必须承认，伽利略并非总是能逃脱这一危险。

我不打算列举这位伟大的佛罗伦萨人屈服于诱惑的所有事例；我只想举两个例子，它们都相当引人注目。

第一个例子：我在这项研究中没有对流体静力学的"离题"[122] 进行分析，因为这会打断下落理论的发展，萨格雷多讲述了他是如何在盛满水之前把盐放入玻璃容器里的，使容器的底部含有较重的盐水，顶部则含有较轻的淡水：他的朋友们都感到惊奇的是，他竟然成功地使一个由沙粒构成的沉重蜡球在液体中保持平衡。萨尔维亚蒂在此基础上进行了改进，描

82

---

[121]　因此，它在纯粹的思想实验与具体的实验之间起着中间作用。

[122]　*Discorsi*, First Day, pp.113 ff.

述了如何通过向容器中的液体添加盐水或淡水来使球上升或下降——他无疑引起了更大的惊奇。那么，根据这一事实，即同样的结果可以通过在 6 磅冷水中加入 4 滴热水来产生，**反之亦然**，他的结论是：水不具有黏性，对其部分的渗透或分离不提供阻力（除了机械阻力）；而那些教导相反说法的哲学家则是大错特错。萨格雷多同意这一点。然而，他问道，如果是这样的话，水滴（甚至是相当大的水滴）怎么可能在卷心菜的叶子上形成，并保持完整而不扩散或散开。萨尔维亚蒂承认他无法解释这一点。然而，他可以肯定，这种效果是由外部原因造成的，而不是由任何内部性质造成的；而这一断言的正当性提供了一个"非常有说服力的"实验证据。事实上：[123]

"如果在一个被空气包围的球团中的水粒子是由于某种内部原因来维持它们自身，那么当它们被一种介质包围时，它们就会变得更加容易地保持在一起，因为它们在那种介质中比在空气中更不容易下落。例如，把酒倒在这样一个水珠周围，那么酒就会逐渐升高到将它周围填满，而水粒子因为它们的内部黏性而粘在一起，从而不会溶解。但这并不会发生；事实上，如果是红酒的话，酒刚刚扩散到水周围并接触到它，不等它上升多少，它就会溶解并扩散，撒在下面。因此，这种行为的原因是外部的，可能是周围空气的一种属性。事实上，空气和水之间有一种相当大的反感，我自己也在另一个实验中观察

---

[123]　*Discorsi*, pp.115 ff.

到，即如果我拿一个球形玻璃杯，它的上面有一个像吸管一样细的小孔，那就把它装满水，然后把它翻过来，使它的开口向下，尽管水相对较重而且倾向于下落，空气相对较轻而且倾向于上升，但两者彼此都不一致，不但水没有下降，空气也没有上升，它们都呈现出顽固与保守的状态。然而，另一方面，如果我在开口处放一罐红酒，尽管红酒几乎不比水轻，但我们会立刻看到它在水中呈红色的条纹并缓慢上升，而水会慢慢地从酒中下降，两者一点也不混合，直到最后，整个球中都充满了酒，而水会落到容器底部。现在，除了水和空气不相容之外，我们还能提出什么论证呢？我不明白，但也许……"

83

我承认我和萨尔维亚蒂一样困惑。确实很难对他刚才报告的这个惊人的实验作出解释，特别是因为如果我们**完全按照描述**的那样重复，我们就会看到酒在球形玻璃杯中上升（与水一起翻转），水落入容器（盛满了酒）中；但是我们不应该看到水和酒互相取代；我们应该看到混合物的形成。[124]

结论是什么？我们是否必须承认，17 世纪的红酒具有今天的红酒所不再具备的特性，而这些特性使它们像油一样不可与水混溶？或者我们可以假设，伽利略无疑从来没有把水和酒混

---

[124]　如果在玻璃瓶中有**两个**开口，而不是一个开口，并安装一根吸管或窄管，使其中一根（A）通向烧瓶内部，另一根（B）通向烧瓶外部，就能得到与萨尔维亚蒂断言的更接近的结果。然后，我们就会看到酒从 A 管流向烧瓶顶部，水流向容器底部，结果是酒聚集在顶部，水聚集在底部。遗憾的是，即使在这种情况下，也会发生混合。此外，萨尔维亚蒂只为他的烧瓶提供了一个孔，而不是两个；他也没有提供任何吸管。

在一起（因为酒对他来说是"太阳之光的化身"），他从来没有做过这个实验；但是，他听说过，并在想象中重建了它，将水与酒的完全在本质上的不相容作为一个不容置疑的事实而接受？就我个人而言，我认为后一种假设是正确的。

介质对运动物体的阻力不是一个恒定的值，而是随运动速度的增加而增加，并与运动速度成正比，这一事实涉及一系列自相矛盾的后果，萨尔维亚蒂很乐意在他的同伴面前提出它们。[125]

萨尔维亚蒂："现在……我可以毫不犹豫地作出这样的断言：没有一个足够大而其材料又足够重的球体，以至于介质的阻力无论多么微弱都不能阻止它加速，而连续的运动并不能使它达到一个平衡状态；我们可以从实验中得到一个非常明确的证明。因为（如果任何下落的物体，通过持续的运动，可以获得任何您要想的速度），（任何外部施加给它的）任何速度都不可能大到足以使它由于介质的阻力而拒绝速度从而失去速度。[126]例如，如果一颗炮弹从空中下落 4 腕尺，达到 10 度的速度，以那个速度落入水中，如果水的阻力不足以阻止炮弹的前进，那么炮弹会继续加速，或者至少会继续以同样的速度，直至到达水底。但没有人看到这种情况发生。相反，即使水深不过几腕尺，也会阻碍和削弱炮弹的运动，以致它只会非常轻地撞击河

84

---

[125] *Discorsi,* First Day, pp. 136 ff.

[126] 英译者注：柯瓦雷教授对这段话的翻译省略了括号里的词，从而缩短了这句话。

床或湖底。因此，显而易见，即使在 1000 腕尺深的地方，水也不可能使炮弹达到它在这么短的路程中所能达到的速度。为什么允许它在 1000 腕尺内获得的速度，却要在 4 腕尺内将其移除呢？此外，我们还可以看到，炮弹从大炮中射出的巨大的冲力，由于几腕尺的水的插入而减弱了，以至于它几乎没有成功撞上这艘战舰，而且对它没有造成任何损坏。空气也是如此，尽管它非常柔软，但它也减慢了下落物体（尽管它可能很重）的速度，从类似的实验中也可以看出这一点；因为如果我们从塔顶向地面开一枪，子弹对地面的撞击将比我们在离地 4 腕尺或 6 腕尺的地方向下开枪造成的撞击小得多。明显的迹象表明，子弹从塔顶离开枪管的冲力随着它在空中的下落而减弱。因此，从一个非常高的高度下落将不足以使它获得一个速度，当它获得这个速度时，无论如何，空气的阻力都会剥夺它。同样地，我相信无论从多高的高度垂直落下，也造不成从 20 腕尺远的地方一支卡宾枪所发射的子弹对一堵墙带来的破坏。因此，我认为，任何自然物从静止开始的加速度都是有限度的，介质的阻碍最终使它降低到一个稳定的状态，并在此之后继续保持这个状态。"

这段很长的文字为伽利略在工作和行动中的思想提供了一个很好的例子：力量（以及轻率），想象力的使用（以及滥用）。他断言**只有在真空中**加速下落的运动才服从他为之确立的数学定律，而在其他介质中，有一些偏离这个定律的情况，最后加速运动变成一个由落体和周围介质的本性（即比重）决定其速度的匀速运动，难道还有什么比这些更出色或更深刻的考虑吗？因此，在所述介质中，这种速度可以称为物体的自然速度。还有什么比这一推理更巧妙的呢？它表明，在特定介质中通过的物体不可能超过它的自然速度；而物体是不可能重新获得它在进入介质之前所拥有的更快的速度（介质通过阻止物体的运动而降低的速度）。伽利略认为，这些实验阐明并证明了他的主张，还有什么比这些实验更引人注目的呢？

然而，如果物体在空气中下落的速度确实快于在水中下落的速度，并且在从空气中进入水中时，它们的运动会受到阻碍，那么我们是否有理由将这种观察提升到普遍定律的高度，并断言当一个自由下落的物体从一种稀薄的介质进入一种更致密的介质时，它的运动会受到阻碍呢？难道我们不能推断，由于不可能有这样一条通道，所以运动会被停止吗？事实上，在伽利略的例子或"实验"中，我们可以让一颗炮弹不是从 4 腕尺下落，而是从 1 腕尺、1/2 腕尺、1/4 腕尺的高度下落，并且在空中飞行的过程中，它得到的不是 10 个单位的速度，而是 5 个、1 个、1/2 个单位的速度，直到无穷小。如果它在水中的速度总是小于它在空气中的速度，那么它应该以无穷小的速度结束，从而下降到 0。那么，一个重物（无论是铅还是金）在水中如何获得它的"自然"速度呢？伽利略混淆了"速度"与"加速度"，这难道不明显吗？更让人惊讶的是，在他的例子中，几腕尺的水就能阻止炮弹的运动，他忽略了碰撞的效果和流体静力学阻力的效果之间的区别，而这些效果他在其他地方都很清楚。另一方面，如果十分肯定的是，在离开炮口的那一刻，炮弹的速度（以及由此产生的**冲力**）是最大的，在空气中通过20 腕尺就足以延缓它的运动；此外，如果同样确定的是，一颗炮弹在空中竖直向上投掷，无论它上升到什么高度，又从什么高度下落，它将永远不会以初始速度再次到达地面，我们能从中得出与伽利略相同的结论吗？也就是说，无论炮弹从多高的地方下落，它的速度（以及由此产生的**冲力**）永远不会和它离开炮弹的速度相等，即使这个高度比垂直**射击**所能达到的高度大好几倍。显然，我们不能。然而，伽利略确实这么做了。为什么？因为他相信炮弹离开炮口的速度是一个"超自然的"（supernatural）速度，它远远超过作为一个自由下落的物体所能够达到的速度，即使它从月球上下落。[127] 他如何证明炮弹速度的"超自然"特性？事实上，他是通过直接向下射击的实验来证明的；大炮或从火枪的子弹在从塔顶到塔底的过程中受到阻碍。如果初始速度小于在下落过程中获得的极限速度，就不会

86

---

[127] *Discorsi,* Fourth Day, pp. 275 ff, 其中论述道："至于介质的阻力所造成的扰动，这就更需要考虑了，而且由于其种类繁多，无法用固定的规则来理解和研究；因为如果我们只考虑空气给我们所研究的运动带来的阻力，就会发现它会干扰所有的运动，而且会以与抛射体无限多样的形状、重力和速度相对应的无限多种方式来干扰运动。因此，以速度为例，速度越大，空气产生的阻力就越大；当抛射体的重量减小时，也会产生更大的阻力；因此，尽管重物应该以与其运动的持续时间的平方成正比的方式加速下落，但无论落体有多重，如果从很高的地方下落，空气的阻力将使它的速度无法继续增加，并使其进行匀速运动；在重物不那么重的情况下，这个平衡会在更短的下落距离更快地达到……我们不可能对重力、速度，甚至形状的这些偶性进行科学的研究，因为它们是无限多样的。为了能够科学地处理这个问题，我们有必要从中抽象出来，并在发现和证明从这些障碍中抽象出来的结论后，在我们的实践中利用它们，但要受到经验的限制。"

出现这种结果。

伽利略虽然没有这样说，但很容易弥补他的沉默，并且说这是他的论证有效的条件。根据他的论证，当直接向下发射时，水提供的阻力不可避免地阻碍了下落的炮弹，空气的阻力阻碍了从火枪中射出去的子弹。[128] 事实上，在真空中，当所有的速度都没有这样的限制因素时，向下发射的炮弹就不会受到阻碍；相反，正常的加速度会加到它的初始速度上。结果将是相同的（或者，几乎是相同的），如果我们不是以火药燃烧所赋予的"超自然"速度将它发射到下面，而是以人类武器所能赋予的速度将它投掷出去，即是说，每秒 10 腕尺。显而易见，与这一极低的速度成比例的空气阻力（因此微不足道）将不能阻止射击到达地面的速度大于其初始速度，而且比自由落体所能达到的还要大。现在，实验表明，它实际上是受阻碍的。这些实验还证明了从火枪中射出的子弹和从大炮中射出的炮弹的"超自然"速度。

我说，实验证明了；但我应该说，实验**将会证明**。它将会证明——如果它被完成的话。因为正如伽利略在《两门新科

---

[128] *Discorsi*, pp. 278 ff, 其中论述了萨尔维亚蒂解释说，火器的射弹应与弩炮、弩等的射弹归为一类，"因为在我看来，可以毫不夸张地说，从火枪或大炮射出子弹的速度也可以称得上是超自然的。由此可见，当这种子弹从极高的地方自然下落时，由于受到空气阻力，它的速度不会一直增加：但是，我们在不是很重的物体短距离下落时看到的情况，即它们最终变成匀速运动，这在铁球或铅球下降几千腕尺之后也同样发生；这个最终和最后的速度可以说是这样一个重球在空气中下落时自然获得的最大速度：我认为这个速度比燃烧的火药赋予同一个球的速度要小得多"。

学》中诚实地承认的那样（从书中所论的第一天起，我就引用了这么长的一段话），他并没有做过这个实验。[129] 尽管如此，他对结果很有把握。我们不难理解原因：应该发生的事情确实发生了，不可能发生的事情则没有发生。现在，正如我们所看到的，一个重物即使从月球上落下来，它的速度也不能超过一定的极限。因此，这颗炮弹是被阻碍的。实验仅仅是确证了这个推论。

我们很清楚伽利略是正确的。好的物理学是被**先验地**做出来的。正如我已经说过的，它必须不惜一切代价避免极端具体化的诱惑和错误，决不能让想象取代理论。

88

---

[129] *Discorsi*, p. 279, 其中论述道："我没有做过这个实验，但我倾向于相信，一颗子弹或一颗炮弹，无论从多高的地方落下，都不会像从几腕尺的距离发射到墙上那样产生那么强的冲击力，也就是说，在这样短的射程内，它在空气中产生的爆裂或者说撕裂，不足以消除火药所带来子弹的超自然的受迫。"

四、一个测量实验

　　研究现代科学[1]的历史学家们在试图确定它的本质和结构，并将其与中世纪科学和古典科学对立起来时，往往会强调前者的经验和具体的特征与后者的抽象和学究式的特征截然不同。观察和经验对传统和权威进行有力的攻击并且最终取得了胜利：这就是通常呈现给我们的 17 世纪精神革命的形象，而现代科学既是其根源又是其成果。

　　这幅图景并不能说是错的。恰恰相反，显而易见的是，现代科学已经极大地——甚至无法估量地——扩充了我们关于世界的知识，增加了它发现、观察和收集的各种类型的"事实"的数量。此外，现代科学的一些创始人也正是这样来看待和理解他们自己和他们的工作。吉尔伯特、开普勒、哈维和伽利略都赞扬经验和直接观察的令人钦佩的丰硕成果，正如他们反对

---

[1]　我将用"现代科学"这个词来指 17 世纪、18 世纪的科学，也就是说，在从伽利略到爱因斯坦之前的这段时期。这种科学有时被称为"经典"科学，与当代科学截然相反；我将不遵循这种用法，而将"古典科学"的称号留给古代世界的科学，主要是希腊科学。

抽象和思辨的思维在成果上的贫乏。[2]

然而，无论这些探索者（venatores）发现和汇集的新"事实"的重要性如何，它们都不过是一些简单的"事实"，即仅仅收集观察或经验材料，并不构成一门科学：它们必须被排序、解释和说明。换句话说，只有经过理论处理，对事实的认识才会成为科学。

此外，观察和经验——原始的、常识意义上的观察和经验——在现代科学的启迪中只占很小的一部分；[3]甚至可以说，它们构成了它在前进道路上所面临的主要障碍。不是**经验**，而是**实验**培育了它的成长并决定了它的斗争：现代科学的经验主义不是**经验的**，而是**实验的**。

我当然不需要在这里强调"经验"和"实验"的区别，但我想强调后者与理论的建立之间有着密切的联系。实验与理论不仅不是相互对立的，而且还是相互联系、相互决定的，正是由于理论的精确和完善，才使得实验更加精确。事实上，正如伽利略所完美地表达的那样，一个实验是一个摆在自然面前的问题，导致提出这个问题的活动显然是对其所使用的语言的阐

89

---

[2] 例如，参见 W. Whewell, *History of the inductive Sciences*, 3 vols. (London: T.W. Parker, 1837); E. Mach, *Die Mechanik in ihrer Entwicklung, historisch-kritisch dargestellt* (Leipzig: F. A. Brockhaus,1883; 9th Ed., Leipzig: F. A. Brockhaus, 1933)，英译本标题：*The Science of Mechanics* (Chicago: Open Court,1883; 5th Ed., La Salle: Open Court, 1943)。

[3] 正如塔内里和迪昂所承认的，亚里士多德的科学比伽利略和笛卡尔的科学更符合常识经验。参见 P. Tannery, "Galilée et les principes de la dynamique", in *Mémoires Scientifiques*, VI (Toulouse: E. Privat, 1926), pp.400 ff; P. Duhem, *Le Système du Monde*, I (Paris: Herrman, 1913), pp.194-195。

述。实验是一个有目的的过程，其目的是由理论决定的。现代科学的"行动主义"，引起了人们的广泛关注——**行动和操作的知识**（scientia activa, operativa）——它被培根深深曲解，这只是其理论发展的一个对立面。

此外，我们还必须补充——这决定了现代科学的特点——它在理论工作中采用和发展了数学家的思维模式。这就是它的"经验主义"完全（toto caelo）不同于亚里士多德传统的原因。[4]伽利略宣称："自然之书是用几何符号写成的"；这意味着，为了达到其目标，现代科学必然要用一组严格的定量系统来取代亚里士多德科学中灵活多变的、半定性的概念系统。这意味着现代科学本身就是用一个几何实在的世界取代了定性的世界，

90 （或更确切地说）取代了常识（和亚里士多德主义科学）的**混合世界**；或者，换句话说，用一个测量的和精确的宇宙取代了我们日常生活中"或多或少的"世界。事实上，这种替代意味着自动地从这个宇宙中排除一切不能被精确测量的事物；在这个宇宙中，所有不能被精确测量的事物都是相对的。[5]

---

[4] 亚里士多德主义传统是一种经验主义，它反对伽利略动力学的抽象数学主义。关于亚里士多德主义的经验主义，参见 J. H. Randall, Jr., "Scientific method in the School of Padua", *Journal of the History of Ideas* I (1940): 177-206。

[5] 当然，这只适用于所谓的"精确科学"（物理—化学），不同于"自然科学"或"自然志"（关于我们感知和生活的"自然"世界的科学），后者没有——或许也不可能——抛弃性质，而用一个精确测量的世界来取代"或多或少的"世界。无论如何，在植物学和动物学中，甚至生理学和生物学中，精确的测量没有发挥任何作用；它们的概念仍然是亚里士多德逻辑的非数学概念。

正是这种对定量精确性的研究和对精确的数的发现（这些"数字、重量、测量"是上帝建立世界的基础）构成了目标，从而决定了现代科学实验的结构。这一过程并没有扩展到一般的实验中：无论是炼金术，还是卡尔达诺（Cardano）、詹巴蒂斯塔·波塔（Giambattista Porta），甚至吉尔伯特都不是在寻找数的结果。这是因为他们认为世界是一个性质的集合，而不是一个数量的集合。事实上，性质与精确测量格格不入。[6] 在这方面，最重要的莫过于波义耳和胡克，他们都是了解精确测量价值的一流实验家，对光谱颜色进行了纯粹的定性研究。没有什么比超越性质的领域并实现物理学领域的突破（即由定量决定实在）的能力更能揭示牛顿无可比拟的伟大。但是，在 17 世纪，除了理论（概念）和心理上的困难阻碍了将数学严格性的观念应用于感知和行动的世界，正确测量的实际表现在当时也遇到了技术上的困难，由于我们生活在一个充满精密仪器并由它们所主导的世界里，恐怕我们很难理解这些困难。正如伯纳德·科恩教授所指出的，甚至是那些经常地向我们展示了过去所谓的判决性实验的历史学家，他们所展示的也不是**当时**实际**做过**的实验，而是**今天**在我们的实验室和教室中**所进行**的实验，他们并不了解现代科学的英雄所处时代的实际实验条件，因此

91

---

[6]　性质可以排序，但不能测量。我们在性质的方面使用的"或多或少"建立的是一个等级序列，而不是对精确测量的应用。

也无法认识到这些实验的真实意义。[7] 为了对科学实验方法的构成历史做出贡献，我今天将尝试讲述关于实验测量的第一次有意识地、持续地、尝试实验测量的故事：测量一个普遍常数，即自由落体的加速度常数。

所有人都知道落体定律的历史重要性，它是伽利略发展的新动力学的第一个数学定律，这个定律永久地确立了"运动服从数的定律"。[8] 这个定律的前提是：虽然重力决不是物体的一个本质属性（而且，我们也忽略了这种本性），但却是它们的普遍属性（所有物体都是"重的"，没有"轻的"物体）；此外，对于每一个物体来说，它都是一个恒定不变的属性。只有在这些条件下（在真空中），伽利略定律才是有效的。

然而，尽管伽利略定律具有数学上的优雅性与物理上的合理性，但它并不是唯一可能的定律。[9] 此外，我们并不是生活在真空中而是在空气中，我们也不是生活在抽象空间中而是在地球上，甚至是在一个运动的地球上。显然，对这个定律及它对落在我们空间这真实的空气中（in hoc vero aere）的物体的适用性进行实验验证是不可或缺的。同样，确定加速度（g）的值

---

[7] 参见 I. Bernard Cohen, "A sense of history in science", *American Journal of Physics*, XVIII, no.6 (1950): 343ff。

[8] *Discorsi e Dimostrazioni matematiche intorno a due nuove scienze*, in *Le Opere di Galileo Galilei*, VIII (Firenze: Edizione Nazionale,1898), p.190.

[9] 因此，巴利亚诺提出了一条定律，即通过的空间是按照数（ut numeri）而不是按照奇数（ut numeri impares）；笛卡尔和托里切利讨论了空间与时间成立方比例而不是平方比例的可能性；在牛顿物理学中，加速度是引力的函数，因此不是恒定的。此外，正如牛顿本人所指出的，引力的平方反比定律绝非唯一可能的定律。

也是必不可少的。

众所周知，由于无法进行直接测量，伽利略一方面用斜面上的运动代替自由落体，另一方面又用钟摆的运动代替自由落体，这是多么天才的做法！伽利略的巨大贡献和天才的洞察力并不会因为它们是基于两个错误的假设而被削弱，承认这一点是公正的。[10] 但是，把我们的注意力转向他所使用的实验手段的贫乏让人吃惊从而心生可怜，也是公正的。 92

让我们向他学习他的程序方法（modus procedendi）：[11]

"取一根木板或木尺，大约 12 腕尺长，半腕尺宽，3 指厚，在它边缘刻一个约一指多宽的槽。把这个槽弄得非常平直、光滑和光亮，在槽内铺上一层羊皮纸，也尽可能地做到光滑和光亮。将这块木板处于一个倾斜的位置，使其一端比另一端高出 1 腕尺或 2 腕尺。然后将一个经过抛光的坚硬铜球沿槽滚下，并且（用一种我即将描述的方法）记录滚动所需的时间。我们多次重复这个过程，以便把时间测量得足够准确，使得两次测量

---

[10]　伽利略的实验是基于这样的假设：（1）在斜面上向下滚动的球的运动等同于物体在同一平面上向下滑动（无摩擦）的运动；（2）摆动是完全等时的。这种等时性是他的下落定律的结果，因此，对前者的实验确证也就确证了后者。遗憾的是，我们不可能直接测量连续的摆动周期：这仅仅是因为我们没有可以测量它们的钟表。因此，伽利略——我们不得不钦佩他的实验天才——用比较两个不同的（等长的）摆的运动来代替直接测量，虽然这两个摆有不同振幅的摆动，但在同一时刻到达了它们的平衡位置（曲线的最低点）；用不同重量的物体构成的摆做同样的实验证明，重物和轻物（单个的和具体的）以相同的速度下落。参见 *Discorsi*, pp. 128 ff。

[11]　参见 *Discorsi*, pp.212 ff, 我引用的是克鲁和塞尔维奥的译本，G. Galilei, *Dialogues concerning two New Sciences*, trans. Henry Crew, Alfonso de Salvio (New York: Macmillan, 1914; reprinted, New York: Dover Publications,1952), pp.178 ff。

之间的偏差不超过 1/10 次脉搏跳动的时间。在完成了这个操作并确保其可靠性之后，我们现在只把球滚动了 1/4 的长度；在测量了它下降的时间之后，我们发现它正好是前者的一半。

接下来，我们尝试了其他距离。将通过整个长度所用的时间与通过一半长度所用的时间，或通过 2/3 长度所用的时间，或通过任何一部分长度所用的时间进行比较。这样的实验，我们重复了整整一百次。我们总是发现所通过的空间与所用时间的平方成正比，这对于斜面的所有倾角（也就是我们滚动球的通道）都是如此。我们还观察到，对于斜面的各种倾角，下落的时间正好符合（我们稍后将看到的）我们的作者对它们所预测和证明的比例。[12]

93 为了测量时间，我们将一个盛水的大容器悬挂在空中；在容器底部凿了一根直径很小的孔，细小的水柱可以从中流出，而在每次滚动的时间里（无论是从槽的全长还是部分长度中滚落），我们都会用一个小玻璃杯收集这些水流；之后，我们都用一个非常精确的天平对收集到的水进行称重；根据这些不同重量的差值和比值，我们可以得出时间的差值和比值。"

一个在"光滑和光亮"的木制凹槽中滚动的铜球！有一个小孔的盛水容器，水从容器中流出来，滴入一个小玻璃杯中，以此来称重，从而测量下降的时间（罗马水钟，即克特西乌斯 [Ctesebius] 的水钟，已经是一个好得多的工具了）：这是一

---

[12] 下落速度与倾角的正弦值成正比。参见 *Discorsi*, pp.215, 219；英译本 pp.181, 185。

个有这么多错误和不准确的来源啊！

显而易见，伽利略的实验毫无价值：其结果的绝对完美本身就是对其不正确的严格证明。[13]

毫不奇怪，伽利略无疑完全意识到了这一切，他尽可能地避免给出加速度的具体数值（在《两门新科学》中）；每当他给出加速度具体数值的时候（比如在《对话》中），这数值是完全错误的。这些数值错得太离谱，以至于梅森神父无法掩饰他的惊讶，"他认为"，他在给佩雷斯克（Peyresc）的信中写道：[14] "一颗子弹在 5 秒内落下 100 腕尺；由此得出结论，这颗子弹在 1 秒钟内落下不超过 4 腕尺，尽管我确信它会从更高的高度下落"。

事实上，4 腕尺（还不到 7 英尺 [15]）还不到正确值的一半，还不到梅森神父自己所能确定的数值的一半。而且，伽利略给出的数值非常不准确，这并不令人惊讶；恰恰相反：如果不是这样，那才是令人惊讶的，甚至堪称奇迹。令人惊讶的是，梅

---

[13]　现代历史学家习惯于看到伽利略的实验为我们学校实验室的学生所带来的好处，他们将这一惊人的报告视为福音真理加以接受，甚至称赞伽利略不仅通过实验确立了下落定律的经验有效性，而且还确立了这个定律本身。这些人当中，参见 N. Bourbaki, *Éléments de mathématique* 9, première partie, livre IV, chap. I-III, Note historique, p. 150 (Actualités scientifiques et industrielles, N 1074,[Paris, Herrman, 1949]）. 参见本章附录。

[14]　F. M. Marin Mersenne, *Lettre à Peyresc* of 15 January 1635; Tamizey de Larroque, *La Correspondance de Peyresc* XIX, 112 (Paris:A.Picard,1892); *Harmonie Universelle*, I (2) (Paris:1636), pp.85, 95, 108, 112, 144, 156, 221。

[15]　毫无疑问，伽利略使用的佛罗伦萨腕尺有 20 英寸，即 1 英尺 8 英寸，而 1 佛罗伦萨尺相等于 1 罗马尺，即等于 29.57 厘米。

94 森的实验手段并不比伽利略好多少，却能够取得好得多的结果。

因此，现代科学发现自己在开端上处于一个相当奇怪甚至自相矛盾的境地：它的原则是精确性；它断言，实在本质上是几何的，因此是严格确定的和测量的对象（**反之亦然**，诸如巴罗和牛顿这样的数学家认为几何学本身是一门测量的科学[16]）；它发现并（以数学的方式）表述定律，使它能够推断和计算出物体在其轨迹上的每一点和其运动的每一刻的位置和速度。然而，它却不能使用这些定律，因为它无法确定一个时刻，也无法测量一个速度。因此，如果没有这些测量，新动力学的定律仍然是抽象的和无效的。为了赋予它们一个实在的内容，必须具备测量时间的手段（空间很容易测量），这就需要计时工具（organa chronou）、钟表（horologia），即伽利略所说计时器；换言之：可靠的时钟。[17]

---

[16] 参见 Isaac Barrow, *Lectiones Mathematicae* of 1664-6 (*The Mathematical Works of Isaac Barrow*, ed. W. Whewell [Cambridge: C. U. P., 1860]), pp.216 ff; Isaac Newton, *Philosophiae naturalis principia mathematica*, preface (London; 1687)。

[17] 16 世纪和 17 世纪的时钟不可靠是众所周知的；精密钟表是科学发展的副产物。（参见 Willis I. Milham, *Time and Timekeepers* [New York: Macmillan,1923]; L.Defossez, *Les savants du XVlle siècle et la mesure du temps*, Lausanne ed. *Journal Suisse d'horlogerie*, [1946]），然而，他们通常是用解决经度问题的迫切需要来解释这些钟表的制造，即航海实际需要所造成的压力，自非洲的环游航行和美洲的发现以来，航海的经济重要性显著增加，例如，参见 Lancelot Hogben, *Science for the citizen* (London: G.Allen and Unwin,1946), pp.235 ff, 2nd Ed.,7th imp. 我并不否认实际需要或经济因素对科学发展的重要性，但我认为这种解释结合了培根主义和马克思主义支持实践反对理论的偏见，因此它至少有 50% 是错误的：制造准确的时间测量仪器的动机，过去是现在仍然是科学发展本身的内在因素。参见 A. Koyré, "Du monde de l'à peu près à l'univers de la precision", *Critique*, n. 28 (1946)。

当然，时间不能直接测量，只能通过它所体现的其他东西来测量。那就是：（1）一个恒定和均匀的过程，例如天球的恒定和均匀的运动，又如克特西比乌斯的水钟中水恒定和均匀的流出；[18] 或是（2）一个本身并不均匀，但可以被重复或者自动重复的过程；或者最后（3）一个尽管没有完全相同地重复，但在完成过程中使用了相同时间的过程，比如说一个原子的或单元的周期。

伽利略正是在摆动运动中发现了这样一个过程。事实上，只要消除了一切内部和外部障碍（例如，摩擦力或空气阻力），钟摆就会以完全相同的方式重现和重复其摆动，直到计时的结束。而且，即使在真实的空气中（in hoc vero aere）的运动持续受到阻碍且没有两次摆动完全相同的情况下，这些摆动的周期也会保持不变。

或者，用伽利略自己的话来说：[19]

"首先，我们必须观察到，每个钟摆都有其自身的摆动时间，它是如此的明确和确定，以至于除了自然赋予它的周期之外，不可能使它以任何其他周期运动，而这既不取决于摆的重量，也不取决于摆动的幅度，而仅仅取决于摆的长度。"

顺便说一下，伽利略的这一伟大发现并不是通过仔细观察比萨大教堂烛台的摆动，并通过与他的脉搏的跳动相比较来说

---

[18] 对它的描述，参见 H. Dielss, *Antike Technik* (Leipzig:Teubner, 1924) 3rd Ed。

[19] 参见 *Discorsi e Dimostrazioni matematiche intorno a due nuove scienze*, in *Le Opere di Galileo Galilei*, VIII (Firenze: Edizione Nazionale,1898), p.141; English translation, p.141。

明它们的等时性（这个故事在维维亚尼 [Viviani] 之后一直在教科书中被讲述）；[20] 而是通过极其巧妙的实验（他比较了两个摆长相同，但由于构成物质不同 [软木和铅 [21]] 因而重量不同的摆的摆动），以及最重要的是通过认真的数学思考得出的结果。因此，萨尔维亚蒂说：[22]

96 "首先，关于同一个钟摆是否真的在完全相同的时间内完成了大、中、小的摆动的问题，我将依靠我从我们的院士那里已经听到的为准。他已经清楚地表明，沿着所有弦下落的时间是相同的，无论它们的弧线是什么，以及沿着 180° 的弧线（即整个直径），沿着 100°、60°、10°、2°、1/2° 或 4′ 中的任何一个，都是如此。当然，我们知道，这些线都终止于圆的最低点，即它与水平面相接触的地方。

如果现在我们考虑沿着弧线而不是沿着弦下落，如果这些弧线不超过 90°，则实验表明它们都是在相等的时间内通过的；但是弦的时间比弧线的时间要长，这就更令人吃惊了，因为初看起来，我们会认为情况正好相反。因为这两个运动的终点是

---

[20] 在伽利略离开比萨 3 年后，那个著名的烛台才被放进比萨大教堂；当时，在维维亚尼所描述的作出这个发现的地方，比萨大教堂的圆顶还是光秃秃的，空无一物。参见 E. Wohlwill, "Über einen Grundfehler aller neueren Galilei-Biographien", *Miinchener medizinische Wochenschrift* (1903), 以及 *Galilei und sein Kampf fuir die Copernicanische Lehre*, I (Hamburg and Leipzig: L Voss,1909); R. Giacomelli, "Galileo Galilei Giovane e il suo De Motu", in *Quaderni di storia e critica della scienza*, I (Pisa: 1949)。

[21] 参见本章脚注 10。

[22] 参见 *Discorsi e Dimostrazioni matematiche intorno a due nuove scienze*,in *Le Opere di Galileo Galilei*, VIII (Firenze: Edizione Nazionale, 1898), p.139; English translation, p.95。

相同的，而且这两点之间的直线是它们之间最短的距离，所以沿这条直线的运动应该在最短的时间内完成，这似乎是合理的。但事实并非如此，因为最短的时间（因此也是最快速的运动）是沿着以这条直线为弦的弧线进行的运动。

至于被不同长度的线悬挂的物体之摆动时间，它们彼此之间的比等于摆线长度之比的平方根；或者可以说，长度之比是时间的平方之比；因此，如果一个人想要使一个摆的摆动时间是另一个摆的两倍，他就必须使它的摆长是那个摆的四倍。以此类推，如果一个摆的摆长是另一个摆的九倍，那么第二个摆将在第一个摆的每一次摆动的时间内进行三次摆动；由此可见，悬挂弦的长度之比等于同一时间内摆动次数的平方（反）比。"

我们不得不佩服伽利略的思想深度，这种深度在其错误中表现出来：摆的摆动当然不是等时的；而且弧线也不是下降最快的线；但是，伽利略认为，"最速降线"（brachistochrone，用18世纪的术语来说）与在同一时间内完成摆动的曲线（或"等时曲线"[tautochrone]）是同一条线。[23]

97

---

[23]　在所有弦上的下落时间都是相等的，而且沿（圆）弧的运动比沿弦下落的运动更快，伽利略有理由假设沿弧下落是最快的，因此摆的运动是等时的。梅森在1644年通过实验发现事实并非如此（参见 *Cogitata Physico-Mathematica, Phenomena Ballistica*, propositio XV, septimo [Parisiis: 1644], p.42），惠更斯也在1659年从理论上证明了"等时"降线是摆线而不是圆（同样的发现是由布隆克尔 [Brounker] 勋爵于1662年独立做出）。至于摆同时也是"最速降线"（brachistocrone），伯努利（J. Bernoulli）在1696年证明了这一点，莱布尼茨、洛必达（de l'Hôpital）和牛顿也各自独立证明了这一点（应对伯努利的挑战）。

奇怪的是，在伽利略发现了钟摆的等时性（所有现代测时法的基础）之后，尽管他试图用它来实现计时，甚至制造一个机械钟，[24] 但却从来没有在他自己的实验中使用过它。这个想法似乎是梅森神父最先想到的。

事实上，梅森并没有明确地告诉我们（expressis verbis），他在《普遍和谐》（*Harmonie Universelle*）中所报道的实验中使用了钟摆作为测量重物下落时间的手段。[25] 但在同一部著作中，他对半圆摆的运动作了细致的描述，并强调这种运动在医学（测定脉搏跳动速度的变化）、天文学（观测月食和日食）等方面的各种用途，[26] 这几乎是可以肯定的。另外，《普遍和谐》的另一段话也确证了这一点，他不仅使用了一个钟摆，甚至这个钟摆

---

[24]　这座钟（或者更确切地说，它的中心调节机制）是由维维亚尼制造的。参见 *Lettera di Vincenzio Viviani al Principe Leopoldo de' Medici intorno all'applicazione del pendolo all'orologio,in Le Opere di Galileo Galilei*, XIX (Firenze: Edizione Nazionale, 1907), pp.647 ff；同样参见 E Gerland-F. Traumulller, *Geschichte der physikalischen Experimentierkunst* (Leipzig: W. Engelmann, 1899), pp.120 f；L. Defossez, *Les savantsdu XVlle siècle et la mesure du temps* (Lausanne: ed. Journal Suisse d'horlogerie,1946), pp.113ff。

[25]　参见 *Harmonie Universelle*, I (Paris:1636), pp.132 ff。

[26]　Ibid., p.136, 其中论道："无论如何，钟表的这种方式可以用于观测日食和月食，因为可以让一个人通过弦的摆动来判断第二分钟的开始，另一个人进行观察，标记第一次观察和第三次观察之间间隔多少秒等。"

"医生能够以类似的方法通过钟摆识别患者的虱子在不同的时间和日期会提前或推迟多少，以及霍乱和其他疾病施加的影响会加速或延迟多少；例如，需要一根三英尺长的弦才能用它运动的一周标记今天虱子的跳动时间，而第二天的虱子跳动则需要两周，即一周后再一周来标记；或者也可能只需要一根 3/4 英尺长的弦来标记，在后面这种情况中我们可以确定虱子跳动的速度是原来的两倍。"

有 3 英尺半长。[27] 根据梅森的说法，这样一个钟摆的周期正好 98
等于原动者（prime mobile）的一秒钟。[28]

梅森的实验"进行了 50 多次"，结果非常一致，落体在半
秒内下落 3 英尺，在 1 秒内下落 12 英尺，在 2 秒内下落 48 英尺，
在 3 秒内下落 108 英尺，在 3.5 秒内下落 147 英尺。这个数字几
乎是伽利略所给出的数值（80）的两倍。

因此，梅森写道：[29]

"但是，关于伽利略的实验，我们很难想象，在巴黎这里和
周围地区发现的下落所需的时间之巨大差异是怎么来的，我们
看到的总是比他的要短得多。我并不想责备这样一位伟大的人
在他的实验中不够谨慎，但我们已经从不同的高度、在多人在
场的情况下做过很多次实验，它们总是以同样的方式成功了。

---

[27]　*Harmonie Universelle,* I, 220, Corollaire 9, 其中论道："当我说 3 英尺的弦通过转
圈或返回转来标记秒数时，我绝不是在阻止人们将弦缩短，如果发现它太长，而且它的每
一圈对一秒来说都有点太长，就像我有时注意到的那样，根据不同的普通或特制的时钟。
例如，我经常用 3 英尺半的弦转 3600 圈来测量同一个普通时钟的实际小时数，但在其他时
候，它的小时数并没有这么长：因为只需要转 3 英尺的弦，就可以在上述时钟的一个刻钟
里转 900 圈；我在一个怪物上做过实验，它上面的轮子专门用于标记分秒，2 英尺半或左右
长度的弦旋转一周等于所说的秒。这绝不妨碍我们观察的真实性和准确性，因为只要知道
我所说的秒等于我那 3 英尺半的弦旋转一周的持续时间就足够了。这样，如果有人能把一
天平均分成 24 份，他就能很容易地看出我的秒是否太长，以及有多长。"（*Cogitata Physico-
Mathematica, Phenomena Ballistica,* pp.38 ff）以及随后的实验报告中，梅森只使用了 3 英尺
长的摆。事实上，他已经注意到 3 英尺半的摆有点太长了，尽管差别几乎无法察觉；参见
Cogitata, p.44。

[28]　"原动者的一秒"（One second of the prime mobile）是指"原动者"（prime
mobile，即天空或地球）描述旋转一秒的时间。

[29]　参见 *Harmonie Universelle,* I (Paris:1636), p.138。

因此，如果伽利略所用的 1 腕尺只有 1 又 2/3 英尺，即我们在巴黎所用的皇家尺的 20 英寸，那么子弹在 5 秒钟内就能落下一百多腕尺。"

事实上，梅森解释说，"伽利略的 100 腕尺"等于"我们的"166 又 2/3 英尺，[30] 但是梅森自己的实验"重复了五十多次"，得到了完全不同的结果。一个重物将通过不是 100 腕尺，而是 180 腕尺或 300 英尺。

梅森并没有告诉我们他实际上是从 300 英尺的高空投下了重物：这是他通过将"平方比例"应用于他所掌握的实验数据而得出的结论。这些数据"证明"一个重物在半秒内下落 3 英尺，在 1 秒内下落 12 英尺，在 2 秒内下落 48 英尺，在 3 秒内下落 108 英尺，在 3.5 秒内下落 147 英尺 [31]——数字与平方比例完全一致——因而梅森认为自己有权甚至有义务断言，在 3 又 18/25 秒内（而不是 5 秒内），一个重物将会下降 166 又 2/3 英尺。而且，他补充说，从伽利略的数据来看，一个重物在半秒内只下落 1 腕尺，在一秒内下落 4 腕尺（大约是 6 又 2/3 英尺），而不是它实际下落的 12 英尺。

———————

[30] 事实上，伽利略所用的佛罗伦萨尺（29.57 厘米）比梅森用的皇家尺（32.87 厘米）更短；因此，他们各自的数据差异比后者假设的还要大得多。

[31] 事实上，梅森一方面获得了 110 英尺而不是 108 英尺，另一方面获得了 146 又 1/2 尺。但是梅森不相信通过实验达到精确的可能性——考虑他所掌握的方法，他是完全正确的——因此他认为他有权纠正实验数据，以便使它们符合理论。他又一次完全正确，当然，只要他保持在实验误差的边缘（他确实做到了）。更不用说从那以后梅森的程序一直被科学所遵循。参见本章附录 2。

梅森对他的实验的结果（他得到的数据）非常自豪，并利用它们来计算物体从所有可能的高度（直到从月球和恒星上[32]）下落所用的时间，以及周期达到 30 秒的各种类型的摆长（毫无疑问，在这些方面他比伽利略有所进步）。然而，它们暗示了一个相当尴尬的后果，不仅与常识和力学的基本教导相抵触，而且与梅森自己的计算相抵触：在圆周上的下降比在垂直方向上的下降更快。[33]

梅森似乎至少有几年没有注意到这个后果（其他人也没有注意到）。无论如何，他没有在 1644 年的《物理－数学思考》（Cogitata Physico-Mathematica）之前提到它。在那本书中，他重新讨论了下落定律和钟摆的各种属性，并以某种程度上弱化的形式阐述了它，以及大小摆动的非等时性。[34]

因此，在解释了一个 3 英尺的钟摆（他现在所用的钟摆，而不是他以前用的 3.5 英尺的钟摆）在半秒内完成半次摆动（也就是下降 3 英尺），而自由下落的物体在 1 秒内通过 12 英尺（等于半秒内通过 3 英尺），这是多么奇怪；然而，根据在《普遍和谐》中的计算，它应该在半次摆动的时间内通过半径的 11/7 [35]

100

---

[32] 参见 *Harmonie Universelle*, I, p.140。在计算中，梅森（与伽利略一样）认为加速度的值是一个普遍常数。

[33] 如果半径为 3 英尺，球在 1/4 圆上下落的速度与在半径上的下落速度一样快，或者如果半径为 3.5 英尺，它在 1/4 圆上甚至下落得更快。

[34] 参见 *Cogitata Physico-Mathematica, Phenomena Ballistica*, pp.38 and 39；参见本章附录 3.

[35] Ibid., p.41.

（即 33/7 英尺或 5 英尺）。他继续说：

"这意味着一个非常大的困难，因为这两者（这些事实）都
已经被大量的观察所证实，即下落的物体在竖直方向仅仅下落
12 英尺，而 3 英尺的摆在半秒内从 C 下降到 B；只有当（钟摆
的）球体在圆周上从 C 下降到 B 的时间与一个类似的球体在垂
线 AB 上（下降）的时间相同，这才有可能发生。现在，由于
这个球体应该在球体从 C 到 D 的时间内下降 5 英尺，我看不出
有什么解决办法。"

当然，人们可以假设物体的下落速度比人们所承认的快：
但这将与所有的观察结果都不符。因此，梅森说，我们要么接
受物体在垂直方向上下落的速度与在圆周上下降的速度相同，
要么接受空气对向下运动的阻力比对斜向运动的阻力更大，要
么最后，物体在 1 秒内自由下落超过 12 英尺，在 2 秒内下落超
过 48 英尺。但是，由于很难通过注意物体在地面上的撞击声来
准确地断言这一事件发生的确切时刻，所以我们对这个问题的
所有观察都存在很大的缺陷。[36]

梅森一定不愿意承认他如此精心设计的实验是错误的，也
不愿意承认基于这些实验的冗长计算和表格毫无意义。然而，
这是不可避免的。他不得不再次承认，科学无法达到精确，其
结果也只能是近似有效的。因此，毫不奇怪，他在 1647 年的《物

---

[36] 值得注意的是，梅森在实验中不是通过视觉，而是通过听觉来确定落体到达地
面的时刻；惠更斯也采用了同样的方法，这无疑是受到了梅森的影响。

理－数学反思》(*Reflexiones Physico-Mathematicae*)中试图完善他的实验方法：通过用同一只手握住钟摆的摆和下落物体（类似铅球），以确保它们运动同时开始[37]；通过把他的钟摆固定在墙上，并通过合并钟摆撞击墙产生的声音和落体落地产生的声音，以确保这些运动结束的同时性。他还用相当长的篇幅解释结果为什么缺乏确定性[38]（顺便说一句，这确证了他之前的研究：物体似乎在 2 秒内下落 48 英尺，在 1 秒内下落 12 英尺）。然而，梅森坚持认为，不可能精确地确定周期正好是 1 秒的摆长，也不可能通过听觉来感知这两个声音的确切重合。相差几英寸甚至几英尺左右对结果没什么影响。因此，他的结论是：我们必须满足于近似，而不是要求更多。

几乎在梅森进行实验的同时，另一项关于下落定律的实验研究（与对 g 值的实验测定有关）也在进行。这个测定是由著名的《新至大论》(*Almagestum Novum*) 的作者里乔利（R. P. Giambattista Riccioli）[39] 所领导的一个耶稣会科学家团队在意大利做出的。奇怪的是，他的测定完全独立于梅森的工作，甚至对梅森的工作一无所知。

101

---

[37] 参见 *Reflexiones Physico-Mathematicae*, XVIII (Parisiis:1647), pp.152ff。

[38] 参见 *Reflexiones Physico-Mathematicae*, XIX, p.155。

[39] 关于这些实验的报告记载于 *Almagestum Novum, Astronomiam veterem novamque complectens observationibus aliorum et propriis, Novisque Theorematibus, Problematibus ac Tabulis promotam...auctore P. Johanne Baptista Riccioli Societatis Jesu...*(Bononiae:1651)。这部作品本来有三卷，但只有第一卷分两部分出版。实际上，这个"第一卷"长达 1504 页（在对开本中）。

里乔利在科学史学家眼中声名狼藉——这种名声不太应该。[40]
然而，必须承认，他不仅是一个比梅森好得多的实验者，而且
也是一个更聪明的实验者。他对精确性的价值和意义有着极其
深刻的理解，甚至比朋友笛卡尔和帕斯卡的这位朋友的理解还
要深刻得多。

1640 年，里乔利当时是博洛尼亚大学的哲学教授，他开
启的一系列研究，我将在这里简要地叙述一下。[41] 我想强调的
102　是，他以深思熟虑和有条不紊的方式开展工作。他不想把任何
事情视为理所当然，尽管事实上，他坚信伽利略的演绎是有价
值的。他首先试图确认（或者更准确地说，验证）摆的等时理
论是否准确。然后，伽利略所断言的摆长与其周期（与长度平
方根成正比的周期）之间的关系是否通过经验得到验证。最后，
尽可能精确地确定一个给定的钟摆的周期，从而以这种方式得
到一个适合用于实验研究下落速度的时间测量仪器。

里乔利首先准备了一个便利的钟摆：一个球形金属摆锤悬

---

[40]　里乔利当然是一个反哥白尼主义者，在他的伟大著作中——1651 年的《新至大
论》和 1665 年的《改革天文学》（*Astronomia Reformata*）——他为了驳斥哥白尼而堆砌了
大量论据，这的确令人遗憾，但毕竟对耶稣会士来说是很自然的。另一方面，他毫不掩饰
自己对哥白尼和开普勒的钦佩，并对他所批判的天文学理论做出了令人惊讶的准确而诚实
的叙述。他学识渊博，他的著作（尤其是《新至大论》）是宝贵的信息来源。这使得他对
梅森作品的无知更令人惊讶。

[41]　参见 *Almagestum Novum* I (1), bk. II, ch. XX and XXI: 84ff. and 1 (2), bk. IX, sect.
IV, 2, pp.384ff. 我在 1949 年巴黎召开的第 22 届国际科学哲学大会（*Congrès international
de Philosophie des Sciences*）上提交了一份关于里乔利实验的报告。

挂在一条链条上，链条连接到一个金属圆柱体上，[42] 在两个同样的金属套筒中自由转动。第一系列的实验旨在通过计算钟摆在给定时间内的摆动次数，验证伽利略关于钟摆周期的恒定性的断言。时间用水杯来测量。里乔利解释说，应该以水杯的耗尽和再次充满的双过程为计时单位。这表明他对实验和测量的经验条件有着深刻的理解。第一个系列的结果确证了伽利略的断言。

在第二个系列实验中，里乔利使用两个重量相同但长度（"高度"，分别为 1 英尺和 2 英尺）不同的摆，确证了伽利略建立的平方根关系：时间单位中的摆动次数分别为 85 次和 60 次。[43]

梅森可能会在这一点上停下来；但里乔利不会。他很清楚，即使使用他的倒置水杯的方法，也离真正的精确性相去甚远：为此，我们还得看看别的地方，也就是看向天空，去看这个世界上唯一确实存在的钟表（horologium），去看自然所提供的计时工具（organa chronou），去看天体和天球的运动。

里乔利充分认识到伽利略的发现的巨大重要性：钟摆的等时性使我们能够实现**精确**计时。事实上，大的摆动和小的摆动是等时的，这就意味着通过抵消摆之正常和自发的减慢，我们就有可能使它的运动一直持续下去。例如，在它经过一定数量

103

---

[42]　参见 *Alniagestum Novum* I (1), bk. II, ch. XX: 84。

[43]　参见 Ibid., ch. XXI, prop. VIII: 86。

的节拍之后，给它一个新的推动。[44] 因此，任何数量的单位时间都可以累积和相加。

然而，显而易见的是，为了能够将钟摆作为**精确**测量时间的工具，我们必须**精确地**确定它的周期值。这就是里乔利将以坚定不移的耐心完成的任务。他的目的是制造出一个其周期正好是一秒的钟摆。[45] 可惜的是，尽管尽了最大的努力，他还是无法实现他的目标。

首先，他拿起一个重约 1 磅，"高"约 3（罗马）[46] 尺 4 寸的钟摆。这与水杯的比较是令人满意的：在一刻钟的时间里有九百次摆动。然后，里乔利开始用日晷进行验证。他计算了从早上 9 点到下午 3 点连续六个小时的摆动（他得到了格里马尔迪 [R. P. Francesco Maria Grimaldi] 的帮助）。结果是灾难性的：21706 次摆动，而不是 21660 次。此外，里乔利认识到，日晷本身缺乏他的目标所需的精确度。他准备了另一个钟摆，"在九名耶稣会神父的帮助下，"[47] 他又重新开始数；这次是 1642 年 4 月 2 日，从中午到第二天的中午，连续二十四小时：结果是 87998 次摆动，而太阳日只有 86640 秒。

---

[44] 推动钟摆绝非易事，它意味着需要进行长时间的训练。

[45] 正如我们将看到的，里乔利并不像梅森那样容易满足。

[46] 1 罗马尺等于 29.57 厘米。

[47] 参见 *Almagestum Novum*, loc. cit., 86. 作为为科学做出贡献的例子，这些神父的名字所应当地被保存下来；它们出现在（参见 .1 [2]: 386）：Stephanus Ghisonus, Camillus Rodengus, Jacobus Maria Palavacinus, Franciscus Maria Grimaldus, Vicentius Maria Grimaldus, Franciscus Zenus, Paulus Casarus, Franciscus Adurnus, Octavius Rubens。

随后，里乔利制作了第三个钟摆，他将悬挂链延长到 3 尺 4.2 寸。而且，为了进一步提高精确度，他决定不采用太阳日，而是采用恒星日作为时间单位。这次从狮子座尾巴通过子午线（1642 年 5 月 12 日）开始计算，直到它在 13 日的下一次通过。他又一次失败了：86999 次摆动，而不是应有的 86400 次。

虽失望但仍未被击败的里乔利决定进行第四次试验，他制造了第四个钟摆。这次的摆长稍微短一点，只有 3 尺 2.67 寸。[48] 但是他不能把计算摆动次数的这项枯燥乏味的任务强加给他的九个同伴。只有芝诺神父和格里马尔迪神父一直忠实地陪伴他到最后。他们先后三次在三个晚上（分别是 1645 年 5 月 19 日、5 月 28 日、6 月 2 日）计算着从穿过处女座斯皮卡星子午线的通道到穿过大角星子午线的通道的摆动次数。在 3192 秒内，数字有两次是 3212，第三次是 3214。[49]

在这一点上，里乔利似乎已经受够了。毕竟，他的钟摆的周期等于 59.36 秒，是一种完全可用的仪器。将摆动次数转换为秒数是很容易的。此外，预先计算的表格也能为其提供便利。[50]

尽管如此，里乔利还是对自己的失败颇为担忧。因此，他试图计算出一个正好在一秒钟内摆动的钟摆的"高度"。他得出

104

---

[48]　*Alniagestum Novum* I (1), p.87.

[49]　Ibid., p.85. 由于钟摆的运动并不是等时的，里乔利实验结果的精确一致性只有在我们假设他使他的钟摆表现出几乎相等的小摆动时才能得到解释。

[50]　里乔利在 *Almagestum Novum* I (1), bk. 2, ch. XX, prop. XI, p.387 中给出了这些表格。

的结果是：摆长应该是 3 尺 3.27 寸。[51] 然而，他承认他并没有真正做到这一点。另一方面，他确实制造了摆长更短的钟摆，以便在测量时间间隔时达到更高的精确度：其中一个为 9.76寸，周期为 30 毫秒；另一个更短，只有 1.15 寸周期只有 10毫秒。

在 1645 年于博洛尼亚的阿西内利塔（Torre degli Asinelli）进行的实验中，里乔利说："这就是我用来测量重物自然下落速度的钟摆。"[52]

现在，显然不可能仅仅通过计算钟摆的摆动次数就能使用如此快速的钟摆；我们必须找出一些方法把它们相加。换句话说，我们必须建造一个时钟。事实上，这就是里乔利为他的实验建造的第一个摆钟。然而，很难认为他是一个伟大的钟表制造者以及惠更斯和胡克的先驱。因为他的钟既没有重量，也没有弹簧，甚至没有指针和表盘。事实上，他制造的不是一个机械钟，而是一个人力钟。

为了将他的钟摆的节拍相加，里乔利设想了一个非常简单而且优雅的装置：他训练了他的两个合作者和朋友，他们"不仅在物理方面很有天赋，在音乐方面也很有天赋。通过 'un, de, tre'（意为 '1，2，3'，在博洛尼亚方言中，这些词比意大利语短）来计算摆动次数，就像那些指挥演奏乐曲的人一样，用一

[51]　*Almagestum Novum* I (1), and I (2), p.384.

[52]　Ibid., I (2), and I (1), p.87.

种完全规则和统一的方式，使每个数字的发音都对应着钟摆的摆动"。[53] 他就是用这个"时钟"进行观测和实验的。

里乔利研究的第一个问题涉及"轻"物和"重"物的行为。[54] 它们是以相同的速度下落还是以不同的速度下落？这是一个非常重要而且非常有争议的问题，正如我们所知，古代物理学和现代物理学给出了不同的答案。虽然亚里士多德认为，越重的物体下落得越快，但贝内代蒂曾教导，所有物体（至少所有具有相同本性［即比重］的物体）以相同的速度下落。至于现代人，如伽利略和巴利亚诺（Baliano），其次是耶稣会士的文德利努斯（Vendelinus）和卡贝奥（N. Cabeo），他们断言，所有物体（无论其本性或重量如何）都以相同的速度下落（在**真空**中）。[55]

里乔利想一劳永逸地解决这个问题。因此，在 1645 年 8 月 4 日，他开始研究它。将分别由黏土和纸制成的大小相等但重量不同的球体，覆盖着粉尘（这是为了使它们沿着墙壁运动，以及到达地面时爆裂，从而更容易被观察到），从阿西内利塔的塔顶下落。这种类型的实验特别便于进行，[56] 而且这个高度足够（312 罗马尺）使速度的差异在效果上可以明显地被观察到。

[53] *Almagestum Novum* I (2), p.384.

[54] 里乔利比他的时代落后了一百年，他仍然将"轻性"作为一个与"重性"相关并与之对立的独立的性质。

[55] *Almagestum Novum*, p.387.

[56] 阿西内利塔有垂直的墙壁，矗立在一个相当大且平坦的平台上。

这些实验的结果（里乔利重复了 50 次）是不容置疑的：重物比轻物下落得更快。然而，它们的滞后程度取决于球的重量和尺寸，从 12 尺到 40 尺不等。这并不与伽利略提出的理论相矛盾：这可以由空气阻力来解释的。这是伽利略已经预见到的。另一方面，观察到的事实与亚里士多德的教导完全不一致。[57]

106　　　里乔利强烈地意识到他的工作的原创性和价值。因此，他嘲笑那些不知道如何做一个真正的判决性实验的"半经验主义者"（semi-empiricists）。例如，他们之所以断言（或者否认）物体以相同的速度下落，是因为他们无法确定物体撞击地面的精确时刻。[58]

里乔利研究的第二个问题甚至更为重要。他想确定下落的物体加速运动的比例。正如伽利略所教导的，它是一个"均匀的不规则形式"（unifmiter difform，即匀加速）运动，这一运动所通过的空间是按照从 1 开始的奇数（ut numeri impares ab unitate），或者，如巴利亚诺所希望的，这个运动所通过的空间是一系列自然数？至于速度，它是与下落的时间成正比，还是与经过的空间成正比？[59]

在格里马尔迪的帮助下，里乔利用粉尘制造了一些相同尺寸和重量的球，通过直接测量它们从阿西内利塔的不同楼层（按

---

[57]　*Almagestum Novum*, p.388.

[58]　Ibid., and I (1), p.87.

[59]　Ibid., 值得注意的是，里乔利使用了古老的经院术语，并且相当正确地将"均匀的不规则形式"（unifmiter difform）运动与匀加速（或匀减速）运动相等同。

照伽利略的定律[60])的下落时间，之后他着手验证这一结果（没有什么比这种颠倒程序更有特点的了），让这些球从事先计算好与确定的高度下落。为此目的，他使用了博洛尼亚所有高度适宜的教堂和塔楼，即圣彼得、圣彼得罗尼奥、圣詹姆斯和圣弗朗西斯的教堂和塔楼。[61]

这些结果在所有细节上都是一致的。事实上，它们是如此的完美一致，球所经过的空间（15、60、135、240 尺）以如此严格的方式确证了伽利略定律，以至于很显然，实验者在开始之前就已经确信了它的真理性。毕竟，这并不奇怪，因为用钟摆进行的实验已经充分确证了这一点。

然而，即使我们承认——我们必须承认——这些出色的神父们在某种程度上纠正了他们测量的实际结果，但我们也不得不承认，这些结果精确得令人吃惊。与伽利略本人的粗略 107 近似值，甚至与梅森的粗略近似值相比，这是一个决定性的进步。他们的结果当然是通过直接观察和测量所能获得的最好的结果，人们不能不钦佩芝诺、格里马尔迪和里乔利（以及他们的合作者）的耐心、信仰、精力和对真理的热情。除了自己改进的人力钟之外，他们在没有任何其他测量时间的工具的条件

---

[60] 事实上，他告诉我们，他从 1629 年就开始思考这个问题，并在 1634 年读伽利略的著作之前就采纳了 1、3、9、27 的关系，他的上级允许他这么做。值得注意的是，在阅读伽利略之前，这位非常有学问的里乔利并没有将均匀的不规则形式的运动与下落运动等同起来。

[61] *Almagestum Novum*, p.387. 这些实验从 1640 年持续进行到 1650 年。

下，就能确定加速度的值，或者更确切地说，确定一个重物在其自由落体的第 1 秒所通过的空间的长度（相当于 15 [罗马]尺）。只有在惠更斯利用他发明的机械钟，或者更确切地说，利用他的数学天才所发现并在他的时钟构造中使用的间接方法，才能改进这个数值。

研究这位伟大的荷兰科学家的程序方式（modi procedendi）非常有趣，也非常有启发性，我们的手表和钟表都是他发明的。对它们进行分析使我们能够见证梅森和里乔利的经验或半经验转化为真正的科学实验；它也给我们提供了一个非常重要的教训，即在科学研究中，直接的方法绝不是最好的，也不是最容易的，经验事实只有通过理论循环才能获得。

惠更斯在 1659 年（10 月 21 日）开始他的工作时，重复了梅森的（最后的）实验，正如后者在 1647 年的《反思》中所描述的那样；我们不得不再次强调他所掌握的实验手段的极度贫乏：墙上系着一个钟摆；它的一个铅球摆和另一个相似的铅球都被握在同一只手中；两个球分别到达墙壁和地面的同时性是由撞击产生的两个声音的重合度决定的。奇怪的是，惠更斯采用与梅森完全相同的程序，却得到了更好的结果；据他所说，物体下落了 14 英尺。[62]

---

[62] 参见 Ch. Huygens, Œuvres, XVII, p.278 (La Haye:M.Nijhof,1932)，其中论述道："1659 年 10 月 21 日的实验。铅球在半小秒内从约 3 尺又 1/2（或 7 寸 [pollex]）的高度落下。所以在 1 秒的间隔中从 14 尺的高度落下。"

1659 年 10 月 23 日，惠更斯用的是一个其半次摆动不是半秒而是四分之三秒的钟摆重复了这个实验。在这段时间内，铅球下落了 7 英尺 8 英寸。它会在 1 秒钟内下落大约 13 英尺 7.5 英寸。[63]

1659 年 11 月 15 日，惠更斯进行了第三次试验。这一次，他通过把摆和铅球都系在一根线上（而不是把它们握在同一只手中），通过割断线来释放它们，从而在一定程度上改进了他的程序。此外，他把羊皮纸放在墙上和地上，使人们对声音的感知更加清晰。结果是大约 8 英尺 9.5 英寸。然而，正如在他之前的梅森一样，惠更斯不得不承认他的结果只作为近似值是有效的。因为从他所用的方法来看，在下落的高度上，3 英寸甚至 4 英寸左右的差异都无法分辨：这些声音似乎是重合的。因此，不能以这种方式获得精确的测量值。但他从中得出的结论并不相同。完全相反，尽管梅森放弃了科学精确性的观念，但惠更斯却将实验的作用降低为对理论结果的验证。只要它不与它们

108

---

[63]　参见 Huygens, Œuvres, XVII, p.278，其中论述道："1659 年 10 月 23 日的再次实验。我使用了单次摆动为 3/2 秒的单摆，由此我用的半次摆动是 3/4 秒。摆长约为 6 尺 11 寸。但我获得的摆动不是从这个长度，而是将其与另一个钟摆系在一起。这样，它下落半次摆动，另一个铅球也一同从我手中释放，从 7 尺 8 寸的高度。所以由此获得的是，一秒内的下落高度约为 13 尺 7.5 寸。"

所以在先前的实验中，铅球半秒内的下落应当不到 3 尺 5 寸。

假设我获得的是铅球在一秒内下落 13 尺 8 寸。梅森写的是一秒内经过 12 巴黎尺。12 巴黎尺约合 12 莱茵兰尺 8 寸。所以梅森的距离刚好短了 1 莱茵兰尺。"

1 莱茵尺等于 31.39 厘米。

相抵触就足够了。比如，在这个例子中，观察到的数字与通过分析圆摆运动得到的数字完全一致，即大约 15 英尺 7.5 英寸每秒。[64]

109

事实上，正如我们将看到的那样，对摆的运动的分析得到了更好的结果。

我已经提到了现代科学在其诞生时的矛盾情况：拥有精确的数学定律，但却由于无法精确地测量动力学的基本量（即时间）而不可能应用这些定律。

似乎没有人比惠更斯能更强烈地感受到这一点。这当然是出于以下原因，即在他科学生涯的最初阶段，他就致力于解决这个根本的和初步的问题：完善或更好地建造一个完美的计时工具；而不是出于实际的考虑，比如航海需要一个好的时钟，

---

[64] 参见 Huygens, Œuvres, XVII, p.281, 其中论述道："1659 年 11 月 15 日。单摆 AB 悬挂起来，其一半摆动是 3/4 秒；同一根线 BDC 拴住铅锤 B 和小球 C，然后用剪刀剪断这根线，由此必然地，小球 C 和单摆分别在同一时间开始运动。铅锤 B 撞击在被刮去字的皮纸 F 上，以发出响亮的声音。小球落到盒子 GH 的底部。当 CE 的高度是约 8 尺 9.5 寸时，它们会同时发出声音。然而，即便高度 CE 增加或减少三四寸，声音似乎仍然是同时的。这样，从这一重合无法获得精确的测量。不过从单摆的圆锥运动得出，高度应当就是 8 尺 9.5 寸。由此在一秒内，下落的铅球应当经过 15 尺 7.5 寸左右。经验并不违背这一测量，而在其所能及的程度上确证它，这就足够了。如果你将铅锤 B 和小球 C 同时拿在手指间，并试图通过张开手指同时释放它们，你是无论如何也做不到这一点的，因此你也不该相信这类实验。我如此找到的距离 CE 总是少于上述计算，有时差异甚至会有整整一尺。而在线被剪断的情形下，便不会有误，只要在剪断前剪刀是被拿着不动的。先前在我们的钟表的辅助下，我已经检查了单摆 AB 的摆动是多长时间。我反复地重复了实验。里乔利《新至大论》I.9 从他自己的实验确立的是，一块重的石头在一秒内经过 15 尺。斯涅耳证实了，古罗马尺与莱茵兰尺确实没有差异。"

尽管他绝对没有忽略这个问题的实际方面。[65]

正是在 1659 年，也就是我刚才报告的他进行测量的同一年，他通过建造一个改进的钟摆时钟达到了他的目标；[66]他用这个钟来确定他在实验中所用的钟摆摆动次数的精确值。

在科学仪器史上，惠更斯的钟占有非常重要的地位：它是第一个在其构造中体现了新动力学定律的仪器，它不是经验试验和试错的结果，而是对圆周运动和摆动的数学结构进行了细致而敏锐的理论研究的结果。因此，钟摆的历史本身就为我们提供了一个很好的例子，说明迂回路线比直接路线更有价值。

110

惠更斯确实非常清楚，正如梅森已经发现的那样，钟摆的小摆动和大摆动不是在相同时间内完成的。因此，为了建造一个完美的计时工具，我们必须（1）确定真正的等时曲线，并且（2）找出使摆的摆动沿着这条线而不是沿着圆周运动的方法。众所周知，惠更斯成功地解决了这两个问题（尽管为此他不得不设计出一个全新的几何理论[67]），并且还实现了一个完全等时的运动，即沿摆线的运动；此外，他成功地把他的摆式钟摆

----

[65]　作为一个海洋国家的公民，惠更斯充分意识到一个良好的航海计时器的价值和重要性，以及发明一个航海时钟的经济可能性。众所周知，他试图使他的钟在英国获得专利。参见 L. Defossez, *Les savants du XVIIe siècle et la mesure du temps*, pp.115 ff。

[66]　惠更斯于 1657 年建造了第一座摆钟；它包含的弧形夹钳确保了（柔性）摆的等时性。然而，这些夹钳还没有用数学方法确定，只是在经验尝试的反复试错的基础上形成的。直到 1659 年，惠更斯才发现摆线的等时性以及使摆锤沿摆线运动的方法。

[67]　这就是几何曲线的渐屈线。

安装到了一个时钟里。[68]

现在，他有了一个更好的设备（机械钟而不是人力钟），因此可以以更高的精确性来进行里乔利的那些实验。尽管他从未尝试过进行这些实验。这是因为钟摆的建造为他提供了一个更好的程序。

事实上，他不仅发现了沿摆线运动的等时性，而且还发现了——这是梅森曾试图（但未能）在圆上寻找的东西——一个物体沿摆线下落的时间与它沿生成圆的直径下落的时间之间的关系：这些时间彼此之间的关系就像半圆与直径之间的关系。[69]

因此，如果我们能制作一个精确地在1秒钟内摆动的（摆线）钟摆，我们就能确定一个重物沿其直径下落的精确时间，并由此（所经过的空间与时间的平方成正比）计算它在1秒内下落的距离。

一旦我们成功地确定了一个给定摆线的周期，就可以很容易地计算出这样一个摆的长度（而且它不必是摆线摆，正如惠更斯向莫雷[Moray][70]所指出的那样，普通[垂直]摆的小摆动

111

---

[68]　参见 L. Defossez, *Les savants du XVIIe siècle et la mesure du temps*, 65; 胡克同时代人的尝试，参见 Louise D. Patterson, "Pendulums of Wren and Hooke", *Osiris*, X (1952): 277-322。

[69]　参 见 Ch. Huygens, *De vi centrifuga* of 1659, *Œuvres*, XVI (La Haye: M. Nijhof, 1929), p.276。

[70]　参见 Christiaan Huygens, "Lettre à R. Moray 30 decembre 1661", in *Œuvres complètes*, publiées par la Société hollandaise des sciences, III (La Haye: M. Nijhof, 1890), p.438, 其中论述道："我认为，要确定这个度量，并不需要用摆线针的部分来平衡钟摆的运动，而只需要让钟摆通过非常小的摆动来运动，这样就能与时间刻度保持相当的接近，同时还能通过一个已经运行良好的时钟，并用摆线针进行调整，找出标记半秒所需的长度。"

与摆线摆的摆动所需的时间几乎相同）。

但是，事实上，我们不需要为制造这样一个钟摆而烦恼。这是因为惠更斯所设计的公式

$$g=(4\pi^2r^2\text{l})/3600^2 \text{ 或 } T=\pi\sqrt{(\text{l}/g)}$$

有一个普遍的值，并决定了 g 值与我们可能使用的摆的长度和速度的函数关系。事实上，惠更斯所使用的是一个相当短和快的钟摆，一个只有 6.18 英寸长且每小时摆动 4464 次的钟摆。令人惊讶的是，惠更斯的结论是：g 值是 31.25 英尺，即 981 厘米。自那以后，这个数值一直沿用至今。[71]

因此，确定加速度常数的这段历史的教益是相当奇特的。我们看到伽利略、梅森、里乔利正在努力建造一个计时器，以便能够对下落速度进行实验测量。我们看到惠更斯在他的前辈们失败的地方取得了成功，并且由于他的成功，我们不必再进行实际的测量了。这是因为（可以这么说）他的计时器本身就是一种测量；对它的精确周期的确定就已经是一个比梅森和里乔利所想的还要精确和精细得多的实验了。惠更斯循环（它最终以捷径的形式显现出来）的意义和价值是显而易见的：不仅好的实验是基于理论的，甚至执行这些实验的手段也不过是理论的化身（incarnate）。

112

---

[71]　参见 Huygens, *Œuvres*, XVII, p.100。

附录

1. 梅森《普遍和谐》的第 111 页论述道：

我们在这套装置上进行的实验必须非常精确地描述出来，这样我们才能看到实验的结果。因此，我们选择了离地面 5 英尺的高度，并挖了一个平面并将其打磨抛光，我们让它有几种不同的倾斜度，以便让一个非常圆的铅球和木球沿着平面的长度滚动：我们根据不同的倾斜度在几个不同的地方做了这个实验。当另一个同样形状和重量的球落在 5 英尺高的空中时，我们发现，当它垂直落在 5 英尺高的地方时，它在倾角为 15° 的斜面上只落了 1 英尺，而它应该下落16 英寸。

在倾角为 25° 的斜面上，子弹下落 5 英尺半，但它应该落下 2 英尺 1 又 1/3 英寸；在倾角为 30° 的斜面上，它落下 2 英尺：它应该落下 2 又 1/23 英尺，因为它在空中下落 6 英尺，而它在斜面上下落 2 英尺半，而不是它应该落下的 5 英尺。在倾角为 40° 的斜面上，它应该落在 3 英尺 2 又 1/2 英寸的地方：而非常精确的实验只得到了 2 英尺 9 英寸，因为当把球放在离斜面末端 2 英尺 10 英寸远的地方时，垂直移动的球最先落地；而当把球从斜面上 2 英尺 8 英寸的地方移开时，它最后落地；当把球从 2 英尺 9 英寸的地方移开时，它们几乎同时落地，人们无法分辨它们的声音。

在倾角为 45° 的斜面上，它应该再下落 3 英尺半，但它只下落 3 英尺，如果另一不在空中下落 5 英尺 3/4 英寸，它就不会下落 3 英尺半。

在倾角为 50° 的斜面上，它应该下落 3 英尺 10 英寸，但它只下落 2 英尺 9 英寸；我们已经非常准确地重复了好几遍，生怕出错，因为它同时下落了 3 英寸，也就是说，在倾角为 45° 的斜面上多下落了 3 英寸：这似乎非常奇怪，因为斜面越倾斜，它应该下落得越快；然而，它在倾角为 50° 的斜面上并没有比在倾角为 40° 的斜面上更快。值得注意的是，这两个倾斜与 45° 之间的距离相等，45° 是两个极点之间的中间点，即垂直线和水平线的无限倾斜之间的中间点；然而，如果我们考虑这种惊人的效果，我们可以说，这是因为小球在 50° 的斜面上的运动过于剧烈，无法在平面上滚动和滑动，而使得它跳跃了好几次：其中静止的次数和跳跃的次数一样多，在此期间，垂直运动的小球总是在前进。但这些跳跃在倾角为 40° 时并不发生，直到倾角为 45° 后才开始，此时炮弹的速度总是增加，以至于它总是可以滚动而不跳跃：现在，虽然它在倾角为 50° 的斜面上移动了 3 英尺 10 英寸，但在空中却移动了 6 英尺半，而不是它应该移动的 5 英尺。

113

我们还做过这样的实验：虽然小球在倾角为 50° 的斜面上下落的长度是 3 英尺 10 英寸，但它在空中下落的长度是 6 英尺半，尽管高度只有 5 英尺。在倾角为 40° 时，它在空中下落了将近 7 英尺，而在斜面上下落了 3 英尺 2.5 英寸。但实验再次表明，在倾角为 50° 时，它在斜面上下落了 3 英尺，尽管在 2 英尺 9 英寸时也发生了同样的事情：这表明实验非常困难，因为很难看到一个垂直下落的球和一个在斜面上下落的球哪个先落地。尽管如此，我还是在倾角为 60° 和 65° 的斜面上进行了其余的实验：距离斜面两端 2 英尺 9 英寸或 3 英尺的子弹与垂直 5 英尺高的子弹同时下落，然而在倾角为 60° 的斜面上它应该下落 4 英尺 1/3，在 65° 的斜面上应该下落 4 英尺半。在 75° 的斜面上应该下落 4 英尺 10 英寸，而实验只得出 3 英尺半。

也许，如果斜面给小球带来的阻碍并不大于空气阻力，它们就不会按照我们解释过的比例下落：但实验并不能给我们任何确定的结论，尤其是在超过 45° 的倾角上，因为小球在这个倾角上的运动轨迹，几乎与它在 50°、60° 和 65° 斜面上的运动轨迹相等；而在 75° 斜面上，它只长了半英尺。

梅森甚至怀疑伽利略这位伟大科学家是否做过他所提到的某些实验。因此，谈到伽利略在他的《对话》中描述的斜面实验（不是我所引用的《两门新科学》中描述的那些实验）时，他写道（《普遍和谐》）：

我怀疑伽利略·伽利雷是否在斜面上做过下落实验，因为他根本没有提到这一点，而且所给出的比例往往与实验相矛盾：我希望能有许多人在不同的斜面上做同样的实验，并采取他们能想到的所有预防措施，这样他们就能知道他们的实验是否与我们的实验一致，是否能从中得出足够的结论来证明这些下落速度，它们可以通过重量的不同效果来测量，斜面与地平线的倾角越大，与垂线的距离越近，效果就越明显。   114

2.《普遍和谐》第 138 页论述道：

　　但是，关于伽利略的实验，我们很难想象，在巴黎这里和周围地区发现的下落所需的时间的巨大差异是怎么来的，我们看到的总是比他的要短得多。我并不想责备这样一位伟大的人在他的实验中不够谨慎，但我们已经从不同的高度、在多人在场的情况下做过很多次实验，它们总是以同样的方式成功了。因此，如果伽利略所用的 1 腕尺只有 1 又 2/3 英尺，即我们在巴黎所用的皇家尺的 20 英寸，那么子弹在 55 秒内就能落下一百多腕尺。

　　既然如此，伽利略的 100 腕尺就是我们的 166 又 2/3 英尺，但我们重复了 50 多次的实验，再加上平方的理由，迫使我们说，球在 5 秒内能经过 300 英尺，即 180 腕尺，几乎是它的两倍：所以它必须走 100 腕尺！我们已经证明，一个重约半磅的铅球和一个重约一盎司的木球在 2 秒内下落 48 英尺，在 3 秒内下落 108 英尺，在 3.5 秒内下落 147 英尺。

现在，147 英尺等于 88 又 1/5 腕尺；如果有任何差异，那更多的是由于我们给上述时间的高度太小，而不是相反，因为在允许 110 英尺的高度下落时，它确实是在 3 秒内下落的，但我们用 108 英尺来调节比例；人们无法观察到它从 110 英尺或 108 英尺的高度下落在时间上有任何差异。至于 147 英尺的高度，需要再过半秒，这使得平方的理由非常公平，尤其是重物必须在半秒内达到 3 英尺，根据这种观点，在 1 秒钟内达到 12 英尺；因此，在 1.5 秒内下落 27 英尺，在 2 秒内下落 48 英尺，在 2.5 秒内下落 75 英尺，在 3 秒内下落 108 英尺，在 3.5 秒内下落 147 英尺，这非常符合我们的经验，据此，在 4 秒内下落 192 英尺，在 5 秒内下落 300 英尺，而根据伽利略的实验，在 5 秒内只下落了 166 英尺或 100 腕尺，由此，必须在半秒内下落 1 腕尺，在 1 秒内下落 4 腕尺，这使得重物下落了约 6 又 2/3 英尺，而不是 12 英尺。

3. 梅森《物理－数学思考》*

命题 15. 从单摆的圆周运动可以证明，重物下落的速度以时间之比的平方增加，这些单摆的多种用途也得到解释，《物理－数学思考》的第 38—44 页如此论述道：

---

* 附录 3 原文为拉丁语，由黄宗贝同学翻译，特此感谢她的热心帮助。——译者注

第二，可以肯定的是，一根摆线从 C 点下落到 B 点所需的时间与它从 B 点经过圆周 BHFD 上升到 D 点所需的时间相同。假设摆线 AB 为 12 尺，经验告诉我们，小球 B 被拉到 C 点后，在一小秒钟的间隔内从 C 点落回 B 点，而在另一秒钟的间隔内，它又从 B 点上升到 D 点。事实上，如果 AB 是 3 尺，也就是前一根摆线的 1/4，它将在半秒的间隔内从 C 下降到 B，并在相等的时间内从 B 到达 D 或 S；如果线绳和空气没有产生任何阻碍，那么从 C 到 B 的下落所产生的冲力足以让球摆移动到 D 点。

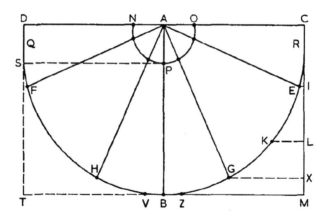

因此，小球会在一秒的间隔内快速地走过圆周 CBD，并在相等的时间内从 D 点经过 B 点返回到 C 点。而从那个地方开始，小球在来回摆动后，最终会静止在 B 点，这可能是由于空气和线绳的阻力，每次移动和返回都会受到某种牵拉，也可能是由于冲力自身的本性，即它会逐渐减弱（关于

这一点详见后文）。请注意，用 3 尺长的线绳吊着 1 盎司重的铅球，从 C 点出发后，在经过那个半圆 360 次之前是不会停下来的；其中从 B 点到 V 点的最后几次摆动是不可感知的，以至于没有人应当依靠它们来进行观察，而只能依靠更大的摆动，比如从 F 点或 H 点到 B 点的摆动……

第三，可以肯定的是，只占摆线 AB 的 1/4 的摆线 AP，其摆动比摆线 BA 要快，而摆线 AB 完成摆动的时间是 PA 完成摆动时间的 2 倍，因此，摆线自身时间拥有的关系相对于长度，恰如根相对于平方；由是，摆动本身也与时间有着相同的比例……

第六，任何公正的人都能看出，3 尺长的摆线通过任何摆动所用的时间都不止 1 秒。因为当重物沿垂直线 AB 下落时，它会比从 C 或 D 经过 1/4 圆周更快到达 B 点，因为 AB 通向重物的中心最短。而根据观察，重物下落 3 尺时，将刚好用半秒经过 A 到 B 的距离，并在 1 秒内会下落 12 尺；看起来，所需的摆线应该短于 3 尺。而我已经在《和谐七书》（*Harmonicorum libri* XII, 1636）第二卷"论声音的原因"推论 3 命题 27 中指出过，在摆锤从 A 或从 C 到 B 经过 CGB 下落（与 AB 垂直的位置为 7 个部分）的时间内，重物通过水平面垂直下落 11 个部分。

这就存在一个明显的困难，因为许多观察结果都确证了这两点：当然，垂直运动的重物在 1 秒钟内只经过 12 尺，而一个球从 D 到 B 用半秒钟经过半径为 3 尺的 1/4 圆周；

然而，除非球从 C 到 B 经过 1/4 圆周的时间等于相同的球下落经过 AB 的时间，否则就不可能做到这一点。球垂直下落 5 尺的时间与其从 D 到达 C 的时间相同，在我看来是无法解释的；除非说重物垂直下落的距离比我到目前为止所注意到的更长，这是每个人都能观察的，而我不想让任何人因先入为主而对真理产生偏见，所以我不想隐瞒这个结，而是希望其他有能力的人能解开它。与此同时，假设多次重复的观察告诉我们，一根 3 尺长的摆线在一刻钟的间隔内摆动了 900 次，那么在 1 小时的间隔内就摆动了 3600 次。由此，如果重物沿垂直线在 2 秒钟的间隔内恰好经过了 48 尺，那么要么应该承认，重物在相同的时间内从与垂直下落的相同高度通过 1/4 圆周；要么应该承认，空气对垂直下落的重物的阻力大于斜着经过 1/4 圆周的重物；抑或是重物在 1 秒内下降超过 12 尺，或在 2 秒内下降超过 48 尺，在这些情况下，观察是被欺骗了的，因为这是通过重物冲击在地面上或仅仅听声音提示出来的。重物在一定时间内经过 48 尺，诚然它并没有进一步下落，看起来重物垂直经过的距离似乎应该更多……

第七，小球从 C 落到 B 所用的时间略微多于从 E 落到 B 所用的时间，而从 E 落到 B 所用的时间又略微多于从 G 落到 B 所用的时间。由此，两根相等的摆线，一根从 C 开始摆动，另一根从 G 开始摆动，从 G 开始的那根大约摆动了 36 次，而从 C 开始的那根的摆动不超过 35 次，也就是说，当从 G 开始的那根摆线摆动一次（其所有摆动都是从 G 开始），而另一根从 C 开始其任意的摆动，后者的摆动在运动中要更久。一个较轻的球，例如软木球，它的摆动时间具体要短多少，以及它完成自己的摆动周期要快多少，你可以从第二卷"论声音的原因"命题 27 以及我们关于和谐的书中的其他段落得知……

　　十二，这些摆的摆动可以有很多用途，正如在那本关于通用时钟的论著中，以及关于和谐的书中（法文版第一卷和第二卷，"论运动"和其他许多地方，以及拉丁文版第一卷和第二卷，"论声音的原因"命题 26 至命题 30）所说的那样……我只想补充一点，后来我自己发现，3 尺长的摆线就足够了，它的任何摆动都能标示出 1 秒，尽管在前述段落中我用的是 3.5 尺。不过，既然每个人都应该去做实验，配以最精确到秒的钟表，并用摆线自身来观察，那我就不在这里提醒你们更多关于这个问题的事情了。加上这一点：在力学中，3 尺或 3.5 尺长的摆线就可以精确地显示出一秒，这是经验将会让你们承认信服的。这样一来，声音的速度就可以被发现——我运用了这种摆线——在 1 秒内通过 230 突阿斯（hexapedes，"6 尺"，即 17 世纪法国单位 toise——译者注），医生也可以通过它探测病人和健康人在一天之中有所差异的脉搏。

五、伽桑狄及其时代的科学

初看起来，讨论伽桑狄和他那个时代的科学的关系似乎是一项不可能完成的任务；甚至是一种不公正。事实上，伽桑狄并不是一位伟大的**学者**（savant），他在科学史上（在这个词的严格意义上）并没有被分配到一个非常重要的位置。他显然不能与像笛卡尔、费马、帕斯卡这样的伟大人物相比，甚至不能与罗贝瓦尔（Roberval）和梅森相比，这些人都为他们的时代做出了贡献。他什么也没有发明，什么也没有发现，而且，正如罗歇（B. Rochet，不能怀疑他是一个反伽桑狄主义者）曾说过的那样，没有"伽桑狄定律"，甚至一个错误的定律都没有。

问题还不止于此。因为无论看起来多么奇怪（或者确实如此），这位亚里士多德的狂热反对者以及伽利略的坚定支持者对现代科学的精神（尤其是它所驱动的数学化精神）仍然很陌生。他不是一个数学家；正因如此，他并不总能理解伽利略推理的确切意义（例如，对落体定律的推导）。此外，他的唯物主义经验论似乎使他无法理解理论（尤其是数学理论）在科学中至关重要的作用。尽管他的物理学以反对亚里士多德为目的，但仍然是定性的，几乎从来没有超越粗糙的试验（trial）层面而上升到实验（experimentation）层面。

然而，我们也不要过于严厉，要努力避免时代误置。因为即使在我们看来，伽桑狄不是一位伟大的**学者**，对于他同时代的人来说，他也是一位伟大的学者，与笛卡尔齐名的竞争对手。[1]

118　一个历史学家应该总是考虑他所研究的那个时代的观点，即使后人推翻了它的判断。毫无疑问，同时代的人有时会被误导；但是，另一方面，他们也看到了许多我们没有注意到的事情。而且，对于伽桑狄来说，他的同时代人被误导的也只有一半。事实上，他是笛卡尔的竞争对手，在某些方面，他甚至在与笛卡尔的竞争中获胜；在那个世纪下半叶，他产生了相当大的影响，[2] 从科学的角度来看，甚至影响了那些比他的思想广泛得多的心灵（例如，波义耳和牛顿）。

尽管他对现代科学的有效发展贡献甚微（我稍后将谈到一两个例外），但他做了一些更重要的事情：他引入了一种本体论，或者更正确地说，补充了一种本体论所需的东西。事实上，如果像我以前说过的，现代科学是柏拉图主义观念的复兴，那么这种胜利的复兴不是柏拉图一个人所能实现的。正是柏拉图与德谟克利特的联盟（这无疑是一个相当不自然的联盟，

----

[1] 事实上，笛卡尔对同时代人的影响并不是很大。梅森周围的"巴黎学院"（L'académie parisienne）主要是由笛卡尔的反对者组成的。参见 R. Lenoble, *Mersenne ou la naissance du mécanisme* (Paris: 1946)。

[2] 感谢贝尼耶和他的《伽桑狄哲学概要》（Bernier, *Abrégé de la philosophie de Gassendi* [Lyon: 1678, 1684]），在我看来，17 世纪末，在知识渊博的人当中，伽桑狄的支持者比笛卡尔的支持者要多得多。

但历史上也有许多其他这样的联盟）推翻了亚里士多德的帝国。他修改的正是德谟克利特的（或者说是伊壁鸠鲁的）本体论，摒弃了它的**偏见**与笨拙，但保留了其基本特征，即原子与真空。这就是伽桑狄在 17 世纪所带来的，他还与那位斯塔利亚人展开了激战。伽桑狄的例子告诉我们，在科学思想史上，特别是在它的创造和关键时期，例如 17 世纪，以及我们自己的时代，将哲学思想与科学思想分开是如何不可能。二者相互影响；将二者割裂开，就注定使自己对历史的实在性一无所知。

事实上，由伽利略发起的 17 世纪的科学革命，其深刻的意义在于实在的数学化，它在笛卡尔手中超出了它的合法目的，这在历史上并非罕见。它已经涉及我以前所说的"彻底几何化"（geometrization to the limit），并试图通过否定物质实在所特有的每一个特定的性质，将物理学还原为纯几何学。同时，由于将物质与空间等同起来，它导致了一种不可能的物理学。它无法解释物体的弹性，无法解释其特定密度，也无法解释碰撞的动力学本性。笛卡尔当然这样做了，但代价是多么的巨大！还有一个更严重的问题，正如牛顿所表明的那样，这种只允许世界存在广延与运动的物理学，甚至不可能在不背离自身原理的前提下，将这些属性赋予其束缚得过于紧密的宇宙中的物体。

现在，正是为了反对笛卡尔在"广延"中将物质与空间相等同的做法，伽桑狄在意识到这一点后就表明了他的反对立场。可以肯定的是，他并没有像反对笛卡尔的形而上学和认

119

识论那样对笛卡尔物理学展开激烈的论战。在 1645 年，也就是在笛卡尔出版《哲学原理》后不久，伽桑狄就写信给安德雷·里韦（André Rivet），说他将让那些把这一意图归于他或煽动他这样做的人失望了，因为他不习惯于攻击那些没有攻击过他的人。[3] 但在那封信中（以及在其他许多信件中），他都非常清楚地表明了他反对笛卡尔主义的基本论题，即反对将物质与几何学广延等同起来。例如，在给里韦的同一封信中，他写道：[4]

"无须提及某些特定的点，因为仅考虑第一原理，难道有人看不出它们会带来多少困难和矛盾吗？因此，物质世界是无限的（或者说，无定限的），正如他很好地区分的那样；它本身是完全充满的，并且它与广延无法区分；它可能被研磨成小碎片，能够以各种方式改变它们的位置，而不需要真空的介入；还有其他同类问题。这并不是说这位作者没有成功地（或者至少试图成功地）创造一种幻觉，并通过他的精妙区分来逃避它；而是即使傻瓜和空洞的心灵允许自己被文字所迷惑，但那些追求真理的严肃的人当然不会在这方面犹豫不决，而是抛开空洞的文字，在他们的研究中只关注实际的事物。"

伽桑狄坚决反对笛卡尔的"充实论"（plenism），他确立了"原子"和"真空"的存在。但他并没有就此止步。从 1646 年起，

---

[3]　参见 R. Descartes, *Œuvres*, edited by Adam and Tannery, IV, p.153。

[4]　Ibid.

他开始攻击笛卡尔从亚里士多德那里继承的（这种继承可能是无意识的）传统本体论的基础，它使得笛卡尔和亚里士多德都否定与虚无相等同的真空。传统的本体论对一个物体的实体和属性加以"区分"。但是，伽桑狄在他的巨著《第欧根尼·拉尔修第十卷的注释》（*Animadversiones in decimum librum Diogenis Laertii*）[5]——几乎可以肯定的是，这部著作是帕斯卡对诺埃尔神父（Père Noël）的著名指责的灵感来源——中已经对这种区分是否合法提出了质疑。事实上，"处所与时间既不是实体，也不是偶性；然而，它们都是某种事物，而不是虚无；它们恰恰是所有实体与属性的处所与时间"。[6]

事实上，笛卡尔的推理导致了对真空的否定，这在亚里士多德本体论的意义上只是等价于这样的说法：空无的空间既非实体，也非偶性，只能是虚无；而虚无显然无法拥有属性，无法成为测量的对象；维度必须是某种事物的维度，也就是说，是实体的维度，而不是虚无的维度。

伽桑狄在《汇编》（*Syntagma*）中阐述并发展了他在《探微》中所简要论述的主题。他明确地指出，我们之所以遇到困难，是因为一种来自逍遥学派的先入之见充斥着我们的心灵，即一切要么是实体，要么是偶性，以及：

"所有不是实体或偶性的东西都是**非存在的**（non-ens）、非

---

[5] 尽管该书是在 1646 年以前写的，但直到 1649 年才印刷出来。1646 年，当手稿被带到里昂时，一份副本留在了巴黎。

[6] 参见 *Animadversiones*, p. 614。

120

物理的（non-res），或者**完全是虚无**（nihil）。由此，既然……除了实体和偶性之外，还有处所（或空间）和时间（或绵延）都是存在的和真实的**事物**（res），显而易见的是……这两者不过是逍遥学派意义上（这个术语的）的**虚无**，而非真正意义上的虚无。这两种存在（时间与空间）构成了不同于其他事物的种类，因此，处所和时间不能成为实体和偶性，正如实体和偶性也不能成为处所和时间。"[7]

由此可见，空间的几何化绝不涉及物质的几何化。相反，它迫使我们仔细区分后者和**它所处的空间**，并将其自身的特征赋予它。这些特征是：可运动性，它不能成为空间的属性，因为空间本身就必须是静止的；不可入性，而这是不能从纯粹和简单的广延中推导出来的（尽管笛卡尔认为，因为空间之为空间对物体的穿透没有阻力）；最后是非连续性，它对物体的分割施加了限制，而在空间中却没有这样的东西，因为空间必然是连续的。

121 伽桑狄的本体论无疑既不是新的，也不是原创的：如前所述，它是古代原子论者的本体论。然而，这不仅使他有时能够采纳后来大获成功的观念，例如，光的微粒本性的概念，但必须承认，他并没有使用它（牛顿就这样做了）；而且甚至使他在表述惯性原理方面超过了伽利略，在解释气压现象方面超过

---

[7]　参见 *Syntagma Philosophicum*, in *Opera Omnia*, I (Lyons: 1658), p. 184a。伽桑狄相当不友善地明确表示，笛卡尔的推理只配得上是一个亚里士多德主义式的（ibid., p. 219b）。

了帕斯卡。

也许有人会说，我对伽桑狄严格意义上的科学工作的评判过于严厉。我们可以把注意力放在他作为天文学家所做的工作上，放在他所做的或重复的实验以及他因此能够得出的推论上，放在他所提出的观念上（例如原子、微粒和分子之间的区别），虽然他自己无法发展这些观念，但其他人后来却从中受益。

这是不可否认的：这是一个严厉的评判；但遗憾的是，这是对历史的评判。话虽如此，亦不可否认的是，伽桑狄并没有把自己局限于为那些伟大的天文学家书写有趣而有用的传记，而是在皇家科学院教授天文学，而且在那里，他在托勒密体系、哥白尼体系以及第谷体系这两个或三个伟大的体系之间保持着同等的平衡（当时的科学信念还在这几个体系之间犹豫不决）。可以说，他是一个真正的天文学家，一个**专业**的天文学家；我们必须公正地对待他一生都在研究天空和积累观测天界现象的耐心。这里提到的一些例子只代表了他工作的一小部分，如他对日食的观测：1621 年在艾克斯，1630 年在巴黎，1639 年又在艾克斯，1645 年在巴黎，1652 年在迪涅，1654 年在巴黎。他对月蚀的观测：1623 年在迪涅，1628 年在艾克斯，1633 年、1634 年、1636 年、1638 年又在迪涅，1642 年、1645 年、1647 年在巴黎，最后一次是 1649 年在迪涅。他观测了行星，尤其是土星，他对一颗恒星非常感兴趣，因为他认为它是土星的卫星；他观测了月球对火星的掩蔽，等等。他甚至在 1631 年

11 月 7 日成功地观测到了水星穿过日盘的过程，[8] 正如开普勒

122 在 1629 年预言的那样；[9] 除了哈里奥特（Harriot）之外，他几

乎是唯一一个以科学的方式做到这一点的人。

他也做过实验，甚至包括测量实验。因此，他又在梅森之
后测量了声音的传播速度，他发现它是每秒 1473 英尺。现在看
来，虽然这个数值太高了（正确的数值是 1038 英尺），但是当
我们想起在一个没有准确的时钟，也不能正确地测量时间的时

---

[8]   参见 *Mercurius in Sole visus et Venus invisa Parisiis anno 1631*, *Opera Omnia*, IV
(Paris: 1632), pp.499 ff. 关于伽桑狄的天文学工作，参见 Delambre, *Histoire de l'Astronomie
moderne*, II (Paris:1821), pp.335 ff，以及 Pierre Humbert, *L'Œuvre astronomique de Gassendi*
(Paris:1936)，我从中的引用如下（p.4）："没有人如此热切和坚持不懈地进行观测。天空
中发生过任何一件事情以及任何一件可能在那里发生的事情都逃不过他的注意。他的眼睛
一直盯着望远镜，观察太阳黑子、月亮上的山脉、木星的卫星、日食、掩星和凌日。他总
是守在他的计时器旁，以确定行星的位置、经度和纬度，以及正确的时间。事实上，他什
么也没发现。尽管他是一个勤奋的木星观测者，但他没有注意到它的环带。他对土星的仔
细描绘并没有向他揭示木星光环的真正本性。关于太阳的旋转以及月球的摆动，他只是证
实了前人的发现。然而，他所有的观察都证明他有条不紊的心灵、对精确性的关注以及对
优雅的追求，这些使他超越了同时代人。"

[9]   由于开普勒的工作在法国几乎完全被忽视，伽桑狄的功绩就更大了。直到 1645
年，伊斯梅尔·布里奥在他的《菲洛劳斯天文学》（Ismael Boullaud, *Astronomia Philolaica*
[Paris:1645]）中处理这个问题。在这部著作中，他拒绝了开普勒的天界动力学，并在灾难
性的修改之后，采纳了开普勒的行星椭圆轨道学说。至于伽桑狄，他在他的《哲学汇编》
中对此作了论述（参见 *Opera Onmia*, I [Lyons:1658], pp.639 ff）。或者更确切地说，他描述
了开普勒为解释行星轨道的椭圆性而采用的磁的吸引和排斥的机制，而忽略了开普勒天体
物理学的数学结构，而他似乎没有掌握它的创新特点。他接受了开普勒的预言，但没有过
分关注它们所依据的定律；他可能没有意识到他对水星凌日的观察为开普勒的概念提供了
决定性的验证。

代进行精确测量的困难时，这个误差并不是太大。[10] 伽桑狄的
实验使他确信，低音和高音都是以相同的速度传播的。另一方
面，他完全误解了它的物理本性，就所有的性质而言，他赋予
它的是一种特殊的原子结构，而不是空气中的振动。此外，他
还教导说，声音不是通过空气传播的，它的传播就像光的传播
一样不受风的影响。[11]

123

　　为了用实验来验证伽利略所确立的运动定律，同时推翻米
歇尔·瓦隆（Michel Varron）所证明的那些定律，他构思了一
个最巧妙的实验，甚至将其付诸实践。我们知道，根据伽利略
的说法，一个落体的速度与经过的时间成正比；而根据瓦隆的
说法，它与通过的距离成正比。现在，在伽利略从他的动力学
得出的结论中，有一个特别惊人的结论（它不可能从瓦隆的结
论中得出）：沿着垂直圆的直径下落的物体与沿着弦下落的物体
到达下落终点所需的时间相同。毫无疑问，我们不可能直接测
量通过不同距离的时间。但是，正如伽桑狄清楚地理解的，避
免测量是可能的。伽利略定理意味着，在效果上，离开 A 点、
B 点和 C 点的物体同一时刻到达 D 点（AD 为直径，BD 和 CD
是向垂直方向倾斜的弦）。因此，伽桑狄用木头做了一个直径大

――――――
　　[10]　参见上章《一个测量实验》。此外，伽桑狄似乎并不认为精确的测量有什么价
值。例如，在《汇编》中，他记录了伽利略（5 秒内 180 英尺）与梅森（5 秒内 300 英尺）
获得的下落物体的加速度值，却没有表达对其中一方的偏向。

　　[11]　在这里，实验条件也必须考虑在内，而且必须指出，在为伽桑狄开脱时，博雷利
与维维亚尼得出了同样的结果。博雷利与维维亚尼是真正的学者和杰出的实验者，他们得
出了几乎正确的声音传播速度值，即每秒 1077 英尺。

约两突阿斯（toises，12 英尺）的圆，装上了玻璃管，让小圆球
在其中下落。实验结果充分验证了伽利略的理论，并通过证明
瓦隆的理论与实验事实有很大的差异而使其无效。[12]

　　伽桑狄在 1640 年进行了一系列关于运动守恒的实验。这
些实验的结果涉及从一艘正在航行的船的桅杆顶部释放一个
球——这个实验已经被讨论了几个世纪，并且通常作为反对地
球运动的论据而被提出。[13] 事实上，从亚里士多德与托勒密的

---

[12]　参见 *Syntagma*, I, p.350b。

[13]　我曾断言（*Érudes galiéennes* [Paris:1939], p.215），伽桑狄是第一个做这个实验
的人。事实上，这个实验已经进行过好几次了。托马斯·迪格斯可能已经尝试过了，他在
1576 年出版的《对天球运动的完美描绘》（Thomas Digges, *Perfit Description of the Celestiall
Orbes*，作为他父亲伦纳德·迪格斯 [Leonard Digges] 的《永恒的预言》的附录）中断言，
下落物体（或者说，那些被抛向空中落向地面的过程中正在运动的物体）似乎是沿着一
条直线运动的。以同样的方式，从一艘船的桅杆上落下的一颗子弹，从桅杆的长度下落
到桅杆底部，并且看起来是沿一条直线运动，尽管事实上它描述了一条曲线。《永恒的预
言》后被重新发表。（F. Johnson and S. Larkey, "Thomas Digges, The Copernican System and
the Idea of the Infinity of Universe in 1576", *Huntingdon Library Bulletin* [1935]；另见 F. R.
Johnson, *Astronomical Thought in Renaissance England* [Baltimore:1937], p. 164）无论如何，
应该指出的是，托马斯·迪格斯并没有说他自己做过这个实验，他只是说这是合理的。其
次，正如我所说的，伽利略向英格利（Ingoli）肯定地表示他做过这个实验，但他没有说
在何时何地做过；并且他在《对话》中自相矛盾，所以我们有理由怀疑其真实性。另一方
面，法国工程师加雷（Gallé）在一个不确定的日期（虽然在 1629 年之前）进行的实验，
以及莫兰（Morin）在 1634 年的所做实验必须被接受为已经发生的。弗鲁瓦德蒙描述并讨
论了加雷的实验（Froidemont [Fromondus], *Ant-Aristarchus, sive OrbisTerrae immobilis liber
unicus* [Antverpiae: 1631]；以及 *Vesta sive Ant-AristarchusVindex* [Antverpiae: 1634]）。根据瓦
尔德（我从他那里得到了这个信息）的说法（参见 C. de Waard, *Correspondance du P. Marin
Mersenne*, II [Paris: 1945], p.74），加雷的实验是在亚得里亚海进行的。他"从一艘威尼斯大
帆船高高的桅杆上扔下一大块铅。它并没有落在桅杆的底部，而是掷向船尾，从而为托勒
密的信徒们提供了对其学说的一个明显的确证"。至于莫兰（参见 *Correspondance* [转下页]

[转下页]

时代起，人们就反复提到，一个垂直抛向空中的物体不可能再落回它被抛出的地方；而一个从塔顶释放的球绝对不会落到塔底，而是会落在滞后于它的地方，其行为正如一个从船的桅杆顶部释放的球：如果船静止不动，它就会落在桅杆底部；但是如果船在运动，它就会落在船尾；如果船运动得太快，它甚至会落入水中。对于这个由第谷·布拉赫复兴的论证，以开普勒为代表的哥白尼主义者作出回应，他假定船的情况和地球的情况在本质上是不同的。有人说，地球承载着重物（地界的），而船并非如此。而且，从塔顶释放的球会落在塔底，因为地球通过一种类似于磁力的吸引力来吸引它，而在运动中的船的桅杆顶释放同样的球之所以会有所偏离，这是因为船并没有吸引它。布鲁诺（当然还有伽利略）敢于断言，无论船是静止的还是运动的，从船的桅杆上下落的球总是会落在桅杆底部。伽利略在《给英格利的信》（*Lettera a Francesco Ingoli*，1624）中声称，他对英格利以及所有亚里士多德主义的物理学家都有双重

125

[接上页] *du P. M arin Mersenne*, III [Paris: 1946]，pp. 359 ff; 以及 *Responsio pro Telluris quiete* [Paris: 1634]）记录了他在塞纳河上进行的这个实验，并发现伽利略的断言得到了确证："起初是惊讶，然后是钦佩，最后是大笑。"因为正如莫兰所说，这个实验并没有证明任何有利于哥白尼的东西。事实上，站在桅杆顶端手持石头的那个人将自己的适当运动传给了石头，当船快速行驶时更是如此。因此，这块石头确实是向前抛射的，这就是它没有落后的原因。但是，如果船从桥下经过，同时又由桥上扔下一块石头，那么它的表现就会完全不同，它会落在船尾。因此，莫兰通过从字面上复制布鲁诺的推理（但他显然不理解）能够确证他对地心说的信仰（参见 *La Cena de la Ceneri*, II, 5, *Opere italiane*, I [Lipsiae: 1830], p.171; *Études galiléennes*, III, pp. 14 ff）。

优势。他声称他已经做过他们从来没有做过的实验，而且他只是在预见了结果之后才去做实验。但是，在他的《对话》中，并且正是在他讨论论证问题的时候，他告诉我们他从来没有尝试做过这个实验。因为他是一个如此优秀的物理学家，如果有必要的话，他可以在没有任何实验的情况下确定这个球的行为。

伽利略显然是对的。对于任何理解现代物理学运动概念的人来说，这个实验是完全没有必要的。但对其他人呢？他们还不理解，但必须使他们理解。对他们来说，实验可能起到决定性作用。伽桑狄在 1640 年做了我所提到的实验，很难说他做这个实验是为他自己还是为别人。可能是为"别人"，即那些认为有必要为惯性原理提供实验证明的人。然而，也许对他自己也是如此，为了确保这一原理不仅在抽象的、想象的真空中是有效的，而且在具体的、我们这个世界中（正如伽利略所说的，在这真实的空气中 [in hoc vero aere]）也是有效的。

即便如此，这些实验还是取得了圆满的成功。在达莱伯爵（Comte d'Alais）的帮助下，他在马赛组织了一次公开演示，在当时引起了极大兴趣。描述如下：[14] "伽桑狄先生一直想从实验上证明他的哲学推理是正确的，并于 1641 年来到马赛，他曾奉这位王子（他以对美好事物的热爱和求知而闻名，而不是以

---

[14] 参见 *Recueil de Lettres des sieurs Morin, De la Roche, De Nevre et Gassend et suite de apologie du sieur Gassend touchant la question* DE MOTU IMPRESSO A MOTORE TRANSLATO, Preface, (Paris: 1650); 参见 *Études galiléennes*, pp.215 ff。1641 年这个日期应该提前一年。

他的出生而闻名）的命令而被派遣到海上去，当大帆船以最大
的速度运动时，从桅杆的最高点释放一块大石头，它不是落在
其他地方，而是落在与如果大帆船停止运动而静止时相同的地
方。无论大帆船是运动的还是静止的，石头下落的长度总是从
桅杆顶端到桅杆底部，并落在同一侧。这个实验是在达莱伯爵
阁下和一大群人面前进行的，对许多没有亲眼看见的人来说，
这似乎是一个悖论。因此，伽桑狄先生在同年写了一篇《从
受迫运动到平移运动》（*De motu impresso a motore translato*）
的论文，作为一封写给给杜·普伊（M. du Puy）先生的信而
发表。"

现在，在这封"信"（《从受迫运动到平移运动》）中，[15]
伽桑狄并没有局限于阐述伽利略的论证，而是增加了对马赛实
验的描述，并将伽利略的运动相对性原理和速度守恒原理应
用于对后者的分析。通过使自己摆脱了对圆周和重性的痴迷，
并给出了惯性定律的正确表述，他成功地超越了伽利略。事
实上，伽利略对水平运动的限制是毫无意义的。在原则上，所
有方向都是等价的；在世界之外的、想象的虚无空间中，无疑
什么都没有，但有些东西仍然可以存在——"运动，无论它朝
哪个方向发生，都将类似于水平运动，既不加会速，也不会减
速；因此永远不会停止。"[16] 伽桑狄从这一点非常明智地推断，

---

[15] *De motu impresso a motore translato* (Paris, 1642) 或 *Opera Omnia*, III (Lyons: 1658),
pp. 478 ff。

[16] 参见 *Études galiléennes*, pp. 294-309；以及 *Opera Omnia*, III (Lyons: 1658), p.495b。

地球上的情况也是如此——运动之为运动，它的方向和速度保持不变。如果事实并非如此，那是因为物体遇到了阻力（例如来自空气的阻力），并由于受到地球的吸引力而偏离。

世界之外的想象空间显然不受实验的影响，就像上帝可能放在那里的物体一样。伽桑狄意识到了这一点；这有助于提高他的声誉。然而，要详细阐述这一点是相当困难的，即强调伽桑狄的论证与他所宣称的经验主义认识论，以及必须补充的从伊壁鸠鲁那里继承下来的原子和真空的概念之间是公然不相容的。此外，并不是他的认识论（这只会破坏和削弱他的思想），而是对原子论的巧妙运用，使伽桑狄能够先于罗伯特·波义耳解释托里切利和帕斯卡的气压实验。

这些实验——包括由奥祖（Auzout）告知他的多姆山（Puy-de-Dôme）实验——在他的《探微》附录中被详细报道。在土伦（1650）附近的一座小山上，他和贝尼耶（Bernier）一起重复它们，然后在《汇编》中又重新讨论它们。[17]

气压实验所揭示的实验事实本身就很简单。从本质上说，它确定了在托里切利管中水银柱的高度的变化是其所处高度的函数；但是，它的正确解释却并不简单。事实上，它意味着在产生这种效果的两个因素之间的区别；因此，阐述了两个不同的概念，即**重量**概念和平衡水银的空气柱的**弹性压力**概念。现

127

---

[17] 参见 *Animadversiones in decimum librum Diogenis Laertii,* (Lyons: 1649)；以及 *Syntagma Philosophicum,* in *Opera Omnia,* I, pp. 180 ff.

在，即使这些两个概念在一开始就存在于实验者的心灵中（托里切利通过将空气比作一团羊毛来谈论空气的压缩），这两个因素的作用也远远没有得到清晰的分析。但是，要做到这一点并不容易，罗贝瓦尔的例子就很好地证明了这一点。他被这样一个事实所困扰：当相当少量的空气（就所有的意图和目的而言，其重量微不足道）被引入托里切利管的真空中时，就会导致水银的高度明显下降。甚至帕斯卡也因为将空气视为一种液体（这在当时是很常见的）而被引诱并陷入错误，他用从流体静力学中得出的概念（即通过重量的平衡）来解释水银管中产生真空的现象。如果在对气压实验（将气囊带到山顶就会膨胀等）的解释中（记录在他的《论液体平衡》[*Traité de l'équilibre des liqueurs*] 和《论空气团的重量》[*Traité de la pesanteur de la masse de l'air*]），空气在地面的压缩及其在山顶上的稀疏已经清楚地表明，这两篇论文（正如它们的标题所表明的那样）确实是本着流体静力学的精神构思的；而对所研究的现象的概念分析并没有超越托里切利已经达到的水平。

正是在这一点上，原子论本体论让伽桑狄向前迈出了一步。空气的膨胀（扩张）和凝结（压缩）现象，以及相同数量的空气（同样数量的微粒，因此重量相同）可能根据压缩或膨胀的状态而产生极不相同的**压力**，对他来说很容易理解。在这种压缩和由此产生的压力中，他看到了气压实验所揭示的现象的基本因素；并且他提出了空气动力学的类比（在一颗炮弹或水钟泵中压缩空气的压力）来解释它。他告诉我们，空气柱的

128

重量会压缩底层，正是这种**压力**导致管中的水银上升。**重量**的作用因此被放在适当的位置，直接的原因来自**压力**。[18]

当然，这一切绝非无关紧要。然而，与伽桑狄所付出的努力，他所扮演的角色以及他所施加的影响相比，这是微不足道的。我一开始就是这么说的。他并不是作为一个有影响力的**学者**，而是作为一个哲学家，在科学思想史上占有一席之地，他复兴了希腊原子论，从而完成了 17 世纪科学所需要的本体论。[19]他无疑不是第一个这样做的人（贝里加 [Bérigard]、巴松 [Basson] 和其他人在他之前就已经这样做），我们可以说原子论完全适应了 17 世纪的物理学和力学，卢克莱修和伊壁鸠鲁的直接影响就足以使它被接受。即使那些像笛卡尔一样拒绝原子和真空并试图建立连续体物理学的人，也不得不使用微粒概念。然而，事实仍然是，没有人像伽桑狄那样如此强有力地提出过原子的概念，也没有人像他那样如此坚持不懈和不遗余力地捍卫（在世界之内和之外的）真空的存在。因此，没人会对于摧毁基于实体与属性、潜能与现实概念的古典本体论作出如此大的贡献。事实上，通过宣布真空的存在（也就是说，某种"既非实体也非属性"的事物的实在性），伽桑狄打破了传统的范畴体系：他最终被吞没在这个缺口中。

因此，通过这样的方式，他比任何人都更致力于将物理存

---

[18]　参见 *Syntagma Philosophicum*, pp. 207-212。

[19]　参见 B. Rochot, *Les Travaux de Gassendi sur Epicure et sur l'atomisme* (Paris:1944)。

在还原为纯粹的机械论及其所有的含义；也就是说，使世界变得自动而无限，使空间和时间变得无限，使感官性质主观化。这多少有点自相矛盾，因为事实上，伽桑狄本人并不相信这两者。对他来说，**空间**的无限并没有涉及现实世界的无限，因为进入其构成的原子总数不可能是无限的。将原子的性质还原为"重量、数量、测量"，并不妨碍他通过假定原子特别适合于产生可感性质来试图发展具有原子论基础的定量物理学；——发光原子、共振原子、热原子和冷原子，等等。在光原子的背景下，这使他预见到了牛顿关于光的概念（微粒理论），尽管这种预见是遥远的，而且是出于不好的原因；而在声音的例子中，他否认声波的存在。

　　我所说的可以用几句话来概括。伽桑狄试图在古代原子论的基础上建立一个仍是定性的物理学体系。通过更新或复兴古代的原子论，他为现代科学提供了一个哲学基础、一个本体论基础；而现代科学统一了他不知道如何统一的东西，即德谟克利特的原子论与由伽利略和笛卡尔的革命引入的柏拉图的数学观。正是这两种潮流的结合促成了牛顿数学物理学的综合。

129

130

六、学者帕斯卡

对帕斯卡的个性和科学工作形成一个正确的概念，即使不是不可能，也是相当困难的。事实上，他的大部分著作都已失传；尤其是那部伟大的《论圆锥曲线》(*Traité des coniques*)，梅森曾向惠更斯推荐了它的优秀特征，[1] 这在他的著作《物理－数学思考》中也提到过；我们同样未能获得《论真空》(*Traité du vide*)，只有它的序言和一些残片保存下来，[2] 而《论力学》(*Traité de mécanique*) 的遗迹已经荡然无存。

至于帕斯卡的个性，它已经被帕斯卡的圣徒式传记严重扭曲了，以至于我们很难不带偏见地去思考这个问题。然而，这就是我要尝试的，即使是冒着被认为反帕斯卡主义的风险。

---

[1] 参见 Marin Mersenne, *Cogitata Physico-Matheratica* (Paris: 1644), in *Œuvrescom. plètes de Christiaan Huygens*, I (La Haye: 1888), p.83，其中论道："如果你和阿基米德一起来，我们会让他看一篇他所看过的最好的几何学论文，它是由年轻的帕斯卡刚刚完成的。"帕斯卡在他的《致巴黎科学院的演说》(l654) 中给出评论："我完成了《圆锥曲线论》，包括了阿波罗尼乌斯的圆锥曲线和其他无数独特的命题，几乎都以一种新颖的方式呈现。我在还不满 16 岁的时候构思了这个想法，并且随后整理成了一本书。"

[2] 根据《关于真空的新实验》给出的说明，《论真空》这部著作似乎完成于 1651 年。在 1651 年 7 月 12 日给里贝雷（Ribeyre）的信中，帕斯卡说他正在完成一篇论文，它将解释"归因于惧怕真空的所有效果的真正原因"。

很明显，我只能做一个快速、简短和不深入的考查。作为物理学家的帕斯卡现存的著作已经被详细地收集在了一起，但其中不外乎是一些实验（包括在多姆山所做的著名实验）以及专门阐述，或者更准确地说，系统化的流体静力学的简短论文。另一方面，作为数学家的帕斯卡的著作，[3] 即使是在所剩无几的情况下，仍然是广泛而多样的，因为它主要包括对具体问题的研究和解决。对它进行详细的分析是很费时的，而且相当困难，至少在目前是这样。当然，对于帕斯卡的同时代人来说，情况就没那么糟了，因为他们就像帕斯卡本人一样，在理解几何学方面比我们有优势，而我们现在已经不再这样做了。另一方面，我们知道许多其他的，也许是更重要、更有成果和更强大的东西，例如代数和无穷小微积分，他们当时才刚刚开始阐述。在这一点上，我们比他们更胜一筹，因为我们能够轻松解决那些让他们费尽心机的问题。唉！当它成为一个记录历史和理解他们的思想的问题时，这种优势实际上是毫无用处的。我们不能像过去那样，"以古代哲学家（即希腊人）的方式"来推理；也不能"以现代哲学家（即卡瓦列里或费马）的方式"来推理，例如，我们不能理解，为什么 1658 年帕斯卡认为有必要用古代哲学家的方式来证明抛物线和螺旋线的等价性。这个命题被认为由罗贝瓦尔提出的，尽管卡瓦列里早在以前就已经

131

---

[3] 帕斯卡的科学著作参见 *Œuvres complètes de Pascal* (Paris: Bibliothèque de la Pléiade, 1954 2nd Ed.) 。

提出来了，当然是以一种相当费力的方式提出来的；托里切利也以一种最优雅的方式提出来了：帕斯卡没有提到他们两个，也许他故意想——如果允许这样说（sit venia verbo）——超越托里切利（罗贝瓦尔的黑色猛兽 [bête noire]，罗贝瓦尔与帕斯卡是亦师亦友的关系），并再次证明不可分割的几何学方法的合法性，[4] 他在另一个关系中使用过这种方法。

事实上，对于帕斯卡以及卡瓦列里和托里切利来说，唯一真实而伟大的几何学是希腊人的几何学。对我们来说，情况已经不再是这样。因此，当我们对 17 世纪的几何学家帕斯卡进行研究时，我们该怎么办呢？我们把帕斯卡的论证翻译成我们自己的语言；我们把一些代数公式和一两个积分写在一起，然后获得了这样一种印象，即我们已经理解了。[5] 但事实并非如此，因为如果我们把帕斯卡翻译成公式，我们就会部分歪曲甚至完全歪曲他的思想，而他的思想的主要特点是**拒斥**公式，这使他付出了高昂的代价，因为帕斯卡本人未能作出两项伟大的发现，即二项式定理（随后由牛顿陈述）与微积分（随后由莱布

---

[4]　"不可分割的几何学"表达形式是模糊的。卡瓦列里的作品的标题（*Geometria indivisibilibus continuorum novaratione promota* [Bononiae: 1635]）实际上的意思是：用不可分割的方法处理的连续量的几何学；而不是"不可分割的几何学"。正如帕斯卡所使用的表达式一样，我也做了同样的事情。参见 "Bonaventura Cavalieri et la géométrie des continus", in *Éventail de lhistoire vivante*, I, Hommage à Lucien Febvre (Paris: 1953), pp. 319 ff。

[5]　正如尼古拉·布尔巴基所说的那样，帕斯卡特别擅长这种处理方法，他的数学成就使他对这门科学的历史有了非常深刻的了解。参见 Nicolas Bourbaki, *Éléments de mathématiques*, IX (Paris: 1949), p.148, note xx，其中论道："由于无与伦比的语言所带来的声望，帕斯卡成功地创造了完美清晰的假象。"

尼茨发展）；尽管这两个发现无疑都归功于他。

我们如何解释他对公式的拒斥？归根结底，它无疑取决于帕斯卡的天才结构。事实上，数学史家告诉我们，粗略地说，数学头脑分为两种类型：几何学家与代数学家。一方面，一些人具有"通过极大地扩展他们的想象力"看到空间的天赋，正如莱布尼茨所说，他们能够在空间中描绘出许多不同的线条，并能够毫不混淆地感知它们之间的相关性和关系；[6] 另一方面，另一些人（例如笛卡尔）发现这种想象力的努力（实际上任何想象力的努力）是令人疲倦的，他们喜欢代数公式透明的纯洁性。对于前者来说，每个问题都要通过一个（几何）结构来解决；对于后者来说，则要通过一个方程组来解决。笛沙格（Desargues）与帕斯卡属于第一类；笛卡尔与莱布尼茨属于第二类。在前者看来，圆锥截面是空间中的一个事件，而方程不过是一个抽象的、遥远的表示；而在后者看来，曲线本质恰恰是它的方程，而它的空间形式不过是一个投影（它是次要的，有时甚至是无用的）。

布兰舒维克（Leon Brunschvicg）写过一些关于代数学家笛卡尔和几何学家帕斯卡之间对比的非常出色的文章。在他看来，笛卡尔（单一方法 [La méthode] 的推崇者）认为，普遍有效性的方法应该放之四海而皆准；帕斯卡（多种方法的推崇者）则认为，

---

[6] 在他给惠更斯的信（参见本章脚注 1）中，当谈到帕斯卡"对帕普斯（Pappos）*ad* 3,4 线的轨迹问题（它还没有被笛卡尔先生完全解决）"的解决方法时，梅森说道："为了区分所考虑的众多细节，有必要使用红色、绿色和黑色线条。"

方法（特别的和特殊的方法）是每一个具体的例子所特有的。布
兰舒维克的这些著作是众所周知的，所以我不想多谈它们。[7]

133

对我们来说，帕斯卡的态度可能很奇怪，尽管这并不像我
们想象的那么罕见。因此，保罗·蒙特勒（Paul Montell）[8] 最
恰当地提醒我们注意昂立·庞加莱（Henri Poincare）对笛卡尔
的一段评论："一种将发现还原为应用统一的规则，使一个有耐
心的人成为一个伟大的几何学家的方法，并不是一种真正有创
造性的方法。"

我想补充的是，在 17 世纪，帕斯卡的态度（即几何学的态
度）比笛卡尔的态度更为普遍和惯常。[9] 后者代表（比卡瓦列
里甚至是笛沙格的创新）更大的创新以及对传统更彻底的突破。
在 17 世纪，笛卡尔与代数（特别是代数几何）是复杂的、不寻
常的和不可理解的。

至于帕斯卡，他与生俱来的几何观肯定会随着他的数学教
育而得到加强；而他的反代数主义则会随着他对笛卡尔的持续
敌视而得到加强。

说实话，我们对帕斯卡的数学教育知道得并不多。佩里耶
夫人（Mme Périer）的圣徒式传记不值得认真对待。我们可以接
受塔勒芒·德·雷奥（Tallemant des Réaux）提供的信息，大意

---

[7] 参见 Léon Brunschvicg, *Blaise Pascal,* (Paris: 1953), pp. 127 ff, 158。

[8] 参见 Paul Montel, *Pascal mathématicien*, Palais de la Découverte (Paris:1950), pp. 127 ff, 158。

[9] 参见 Nicolas Bourbaki, *Éléments de mathématiques*, p. 153。

是帕斯卡在 12 岁的时候就以阅读欧几里得为乐，而且他很快就掌握了前六卷。这是值得赞扬的，也很不寻常，因此没有必要对此进行详述。

我们可以确信，不必担心欺骗自己，帕斯卡并没有停留于欧几里得；相反，他在青年时代就已经对阿基米德、阿波罗尼奥斯（Apollonios）、帕普斯（Pappos）等希腊几何学知识有过深刻的理解，这些在他的作品中得到了充分的体现；在抛物线和螺旋线的等价性的证明中也是如此。他对于希腊几何学的熟悉更有可能是因为他的父亲埃蒂耶纳·帕斯卡（Étienne Pascal）是位几何学的推崇者。他从希腊几何学转向了笛沙格。

我倾向于认为，笛沙格的影响是通过私人信件施加的。事实上，我不相信任何人（即使像帕斯卡这样的天才）只要简单地读一下《实现圆锥与平面相遇的草案》（*Brouillon projet d'une atteinte aux événements des rencontres du cône avec un plan*，它在 17 世纪不无道理地被称为《奥秘教程》[*Leçons des ténèbres*]），就能够理解和吸收这位来自里昂的伟大几何学家的思想和方法；而且，更重要的是，我也不相信他能够如此迅速地在 1640 年就向巴黎梅森学院提交《圆锥曲线论》（*Essay pour les coniques*，它显然不仅受到笛沙格的启发，而且帕斯卡本人也强烈地宣称这一点[10]）。因此，我认为，我们可以将帕斯卡看作

134

---

[10]　参见 R. Taton, "*L'Essay pour les Coniques de Pascal*", *Revue d'histoire des sciences*, VIII, fasc. 1 (1955)。

是笛沙格真正的学生。这对双方来说都是荣誉。

让我们回到那篇论文。除了直接从笛沙格引出的问题之外，我们在引理 1 和引理 3 中发现了著名的帕斯卡定理（即圆锥曲线的内接六边形的对边的交点位于一条直线上）的等价形式。毫无疑问，我们在那里有了一个独特的命题，这个命题是帕斯卡在他遗失的《论著》(Traité) 中发展的一套完整的直线理论的起点——至少，这是梅森告诉我们的，但他没有引用这个命题。

这个内接六边形被称为神秘六边形，帕斯卡断言，每一圆锥曲线都有其相应的特定的 **"神秘六边形"**；反之，每一个六边形都有其特定的圆锥曲线。

这是一个非常杰出的发现，纯粹由于一个偶然的机会，莱布尼茨在 1675 年获得了帕斯卡的文本，并为我们保存了一份副本。他给它们列了一份清单，复制了几张，但对我们来说不幸的是，原件被还给了合法的主人埃蒂耶纳·帕斯卡。这些论文包含了帕斯卡的全部几何学著作，这些工作已经在《圆锥曲线论》中被承诺，并承诺在 1654 年《致巴黎科学院的演说》(Adresse à l'Académie Parisienne) 有一个新版本。[11]

这些著作当然不是梅森所说的《论圆锥曲线》，尽管大体上是相同的。按照莱布尼茨的观点，并且在他为我们保存的题为

---

[11] 参见 Lettre de Leibniz à Étienne Périer dated 20 August 1676, in Œuvres complètes de Pascal, (Paris: Bibliothèque de la Pléiade, 1954), pp. 63 ff: Adresse à l'Académie Parisienne, ibid., pp.71 ff。

《圆锥截线的生成》（*Generatio Conisectionum*，它受到笛沙格的启发）的一些内容中得到了证实。莱布尼茨建议发表这些著作，并坚持要立即出版。[12] 他说，他看到了某些具有同样灵感的著作（毫无疑问是德拉伊尔 [de La Hire] 的著作），这可能使帕斯卡的著作失去其新颖性。

　　莱布尼茨因此给出了正式的判断：帕斯卡是笛沙格的信徒和继承者。现在，研究帕斯卡的历史学家们要么习惯性地忽视了这两个几何学家之间的这种关系，要么以一种完全不正确的方式呈现这种关系。因此，埃米尔·皮卡尔（Emile Picard，他在他的版本《帕斯卡著作全集》[*Pascal's Œuvres complètes*] 中引用了雅克·舍瓦利耶 [Jacques Chevalie] 的话，却未作任何评论）[13] 使帕斯卡成为投影法的发明者，"这种方法在 19 世纪被彭色列（Poncelet）与沙斯勒（Chasles）以卓越的方式继续发展"；皮埃尔·亨伯特（Pierre Humbert）在他最新的著作《学者》（*savant*）[14] 中告诉我们，帕斯卡是笛沙格的继承者，但加入了他自己的天才。就我而言，我认为，最好的说法是，帕斯卡是加上清晰度和系统性的笛沙格，因为帕斯卡是清晰的，但笛沙格并非如此；一种新的几何形式的发明者是笛沙格，而不是帕斯卡。

---

[12]　*Œuvres complètes de Pascal*, pp.66 ff.

[13]　Ibid., p.58.

[14]　参见 Pierre Humbert, "Cet effrayant génie", in *L'Œuvre scientifique de Blaise Pascal*, (Paris: 1947), pp.19, 34, 47.

帕斯卡数学工作的第二个阶段大约发生在 1652 年到 1654 年，以算术三角形为中心。正是在这段时期，帕斯卡奠定了概率计算的基础，他与费马同时但独立于伽利略（后者在这方面先于前两者）。帕斯卡似乎有一段时间放弃了几何学。

算术三角形的发明有时被归功于帕斯卡，但我们在这里看到有一些相当古老的东西。根据莫里茨·康托尔（Moritz Cantor）的说法，[15] 它是从阿拉伯人那里传给我们的。施蒂费尔（Stifel，1544）、塔尔塔利亚（Tartaglia，1556）以及更接近帕斯卡尔时代的斯台文（Stevin，1625）、埃里戈（Hérigone，1632）都给出了类似的形式。[16]

矛盾的是，帕斯卡的巨大贡献在于他将三角形绕其顶点转动；通过这样做，至少在原则上，它变成了一个无限的正方形，即一个由平行的、水平的和垂直的线细分为无限多个"单元"的正方形。至于三角形本身，它们是由对角线连接到与上述细分相对应的点而形成的，这些对角线形成了连续三角形的底。

在以这种方式形成的正方形中，第一"行"中的单元格只包含数字 1；第二行包含基数；第三行包含三角数；第四行包含金字塔数，等等。帕斯卡发现了单元格中的数字之间的一系列非常有趣的关系，这取决于它们在图表的"平行"（水平）和"直

136

---

[15]　参见 Moritz Cantor, *Vor lesungen über Geschichte der Mathematik*, II (Leipzig:1900), pp.434, 445。

[16]　参见 Pierre Boutroux, "Introduction au *Traité du triangle arithmétique*", in *Œuvres de Blaise Pascal*, III, edited by L. Brunschvicg and Pierre Boutroux, (Paris:1908), pp.438 ff。

立"（垂直）的"底"和"行"中所占据的位置。他手中的算术
三角形是一种用来解决分组和概率问题的巧妙而有力的工具。
在其他方面，帕斯卡（尽管晚于埃里戈和塔尔塔利亚）表明，
在二项式表达中，这些"基底"提供了整幂的系数。

现在只剩下最后一个步骤：找出构成基底的数字之间的基
本结构和内部联系，从而推导出一般公式。但帕斯卡并没有迈
出这一步。正如我已经说过的，他的反代数主义以及对公式的
厌恶使他错过了这个伟大的发现。他之所以没有成功，是因为
他没有追求这方面的成功。[17]

另一方面，当他寻找它的时候，他找到了一般公式，或者
更确切地说，允许一次取 p 的 m 个事物的组合数的规则。[18]

最后，因为它属于这一时期（或许更早一点）的《论算术
三角形》（*Traité du triangle arithmétique*），让我们提到最有趣
的小论文《数字幂的和》（*Potestatum numericarum summa*）[19]，
其中通过比较（正如费马与罗贝瓦尔所做的那样）算术级数的
幂之和与不可分割的几何学中的直线或面积之和，帕斯卡直接
将在不连续的代数领域中得到的结果转移到连续的几何领域。

他这样写道："那些对不可分割学说稍有了解的人会很容易
地认识到这个概念对于确定曲线面积是多么有用。事实上，所

---

[17] 他也没有试图在他的几何计算中使用这个"三角形"，沃利斯（Wallis）在他的《无穷算术》中也是这样做的。

[18] *Œuvres de Blaise Pascal*, III, pp. 442 ff.

[19] *Potestatum Numericarum Summa, in Œuvres complètes*, pp. 166 ff.

137 有类型的抛物线可以直接平方，而其他曲线的无穷大也很容易
测量。如果需要将我们用这种方法发现的数字应用于一个连续
量，我们可以建立以下规则。"这些我没有引用的"规则"，可
以总结为以下的一般规则："一定数量的线的幂之和，每条线的
幂都提高到相同的次幂就是其中最大的次幂的次幂，就像单位
是这个更高次幂的指数。"[20]

除了在代数与几何（古典传统将它们分开）这两大学科之
间的这种巧妙而富有成效的调和之外——这种调和并不像人们
通常所说的那样具有原创性——在这篇小论文中，我们找到了
关于不同数量级之间关系的著名段落。正是在这段话中，有人
偶尔试图找到帕斯卡思想中根深蒂固的直觉，这种直觉既支持
他的数学思想，也支持他的哲学思想甚至是他的神学思想。这
段话构成了《数字幂的和》这篇论文的结论，它遵循了上面引
用的关于综合的规则[21]：

"至于其他的情形，我就不多说了，因为这里没有必要去考
虑它们；说明上述规则就足够了。牢记这个原理，就不难发现
其他情形：**在连续的量的情况下，将任何所求的量加到一个更高
程度的量上，都不会增加它的数值。**由此，点不会给线增加任何

---

[20]　*Potestatum Numericarum Summa,* in *Œuvres complètes,* pp. 170, 171.

（英译者注：原文为 "*Summa omnium [linearum] inquolibet gradu est ad maximam in proximè superiori gradu, ut unitas ad exponentemsuperioris gradus.*"）

也就是说，当 n 非常大的时候，$(1^2+2^2+3^2+\cdots\cdots+n^2)/n^3=(1+1/n)(2+1/n)/6=1/3$。

[21]　Ibid., p. 171.

东西；线不会给面增加任何东西；面不会给体增加任何东西；或
者，用数字来表达自己，这在算术上是恰当的，平方不会给立方
增加任何东西；立方不会给四次方增加任何东西；以此类推。因
此，低阶（数量级）的量应该被忽略不计，因为它们无关紧要。
我想强调一下这几句话，它们是那些研究过不可分割性的人所熟
知的，即强调自然（对统一性的热爱）在最遥远的事物之间建立
的联系，这种联系是无论如何赞赏都不为过的。在这个例子中很
明显，我们发现连续量的计算与数的幂求和联系在一起。"

这确实是一段令人钦佩的文字；但你会注意到，帕斯卡   138
说："我想强调一下这几句话，它们是那些研究过不可分割性的
人所熟知的。"事实上，这些话只不过表达了对所有数学家来说
都相当平常和众所周知的一些东西，无论他们是否涉及不可分
性。一条线不能通过加一点来增加，也不能通过加一条线来增
加一个面，也不是通过一个面来增加一个立体，这一事实在很
久以前的几何学 [22] 正式原理中就已经暗示了；对于几何学家来
说，这个事实并不能给几何学带来激励，除非他提出了连续统
的一般问题。[23] 关于数幂之和（数之和）与不可分割性之和（连

---

[22]　我们在这里不关心各种数量级之间的关系与帕斯卡提出的位格的程度、心灵的
程度以及仁慈的程度之间关系的类比。

[23]　在这个例子中，帕斯卡提出的原理不难从字面上来理解，因为可以肯定的是，
从一条线上移去一个点，甚至从一个空间移去一个点，前者就被拿走一些东西，后者就
会被挖一个洞。我们完全可以将这种比较转移到上帝与造物之间的关系，并将其归于后
者，后者不能为神的行动增加什么，无论是保持其完整性的能力，还是相反地剥夺其某些
东西的能力。

续量之和）之间的联系，这无疑是不太为人所知的，而且更为新奇；但正是这一点构成费马与罗贝瓦尔（他对帕斯卡的影响似乎已经取代了笛沙格的影响）工作的基础。再一次，帕斯卡的天才在于他的发现的巧妙和他的阐述的清晰，而不是他发明了新的原理。

在关于旋轮线（摆线）的系列作品中，他的数学天才最后一次大放异彩。帕斯卡从他的火之夜（1654 年 11 月 23 日）起就决定放弃这个世界（以及科学），并放弃除上帝以外的一切，他的这种兴趣复兴的故事是众所周知的。玛格丽特·佩里耶（Marguerite Périer）告诉我们，[24] 在 1657 年，帕斯卡经历了剧烈的牙痛：

"他决定去做一件事以缓解疼痛，这件事通过其强大的影响力将强烈地吸引他的大脑进行思考，从而转移他对疼痛的注意力。为此目的，他想到了梅森先前考虑过的关于旋轮线的命题，因为还没有人解决它，他之前也没有注意到它。他对这个问题进行了深入的思考，找到了解决方案和所有的证明。这种高度集中注意力的努力止住了他的牙痛；当他解决了这个问题，停止思考之后，他发现自己已经痊愈了。"

尽管如此，"他却对这件事只字不提，对这一发现也并不重视，因为他认为这一发现是徒劳无益的，他不愿放弃在宗教方面

[24] 参见 *Mémoire sur la vie de M. Pascal écrit par Mademoiselle MargueritePérier, sa nièce, Œuvres complètes*, p. 40；另见 *La Vie de Monsieur Pascal écritepar Madame Périer, sa sœur*, ibid., pp. 19 ff, 174。

的工作"。正是由于罗安内斯公爵（Duc de Roannez）的坚持，帕斯卡才决定对他的发现进行编辑，并将其作为一场竞赛的主题。公爵对他说，为了与无神论者和宗教自由主义者作斗争，"最好能表明一个人比所有人都更能理解几何学以及什么是证明的问题"，以及如果一个人屈服于信仰的启示，这不是由于无知，相反，这是因为一个人比别人更理解理性的界限与证明的价值。

1658 年 6 月，帕斯卡以阿莫斯·德顿维尔（Amos Dettonville）为笔名，给欧洲数学家们写了一封通函，向他们提出挑战，要求他们找到六个相当困难的问题的解决方案，这些问题涉及摆线的一段的面积、这一段的重心以及这一段分别绕其底部和轴旋转所形成的旋转体的体积和重心。他向竞争者提供了两个奖项，一个是 40 皮斯托尔（pistoles），另一个是 20 皮斯托尔。另一封通函规定了颁发奖金的条件。奖金的金额存放在卡卡维（Carcavi）那里，参赛者必须将论文寄给卡卡维。

玛格丽特的故事是一个好故事。遗憾的是，这不太可能。事实上，即使我们承认牙痛这段插曲，也承认帕斯卡在 20 年后突然想起梅森在 1636 年提出的问题，而他以前也从来没有想过摆线的属性，这仍然是非常不可思议的，因为摆线是当时非常流行的曲线，笛卡尔、费马、托里切利，尤其是与帕斯卡亦师亦友的罗贝瓦尔都曾考虑过它。[25] 此外，玛格丽特的故事

---

[25] 它甚至激起了托里切利与罗贝瓦尔之间的争论，罗贝瓦尔不公正地指责这位意大利学者剽窃。这个罪名由帕斯卡 1658 年在他的《旋轮线的历史》（*Histoire de la roulette*）中重新提出。

包含了另一个非常严重的错误，她说，帕斯卡"将最后期限定为 18 个月"。事实上，帕斯卡本人也承认，他为解决这些竞赛的问题已经工作了好几个月，并在 1658 年 6 月发出了他的第一封通函，[26] 把收到答复的最后日期定在了**同年的 10 月 1 日**。考虑到邮寄延误，这个日期最多给参赛者三个月的时间。因此，不足为奇的是，约翰·沃利斯（John Wallis）于 1658 年 8 月 18 日给卡卡维的第一封回信中要求延长时间，或者至少应该把 10 月 1 日看作是寄送的日期，而不是收到答复的日期，因为这种形式的条件是不恰当地对法国（尤其是巴黎）数学家有利。帕斯卡拒绝了这一提议。在他的《对解决摆线问题获得奖金条件的反思》（*Réflexions sur les conditions des prix attachés à la solution des problèmes concernant la cycloide*，1658 年 10 月 7 日通告宣布竞赛结束）中，语气相当傲慢和令人不快，他用一个看似合理的理由来为他的拒绝辩护，如果他不这样做的话：

"即使是那些在 10 月 1 日之前得出答案而可能成为第一位获奖者的人，也永远不会确信自己能够获得奖金，因为他们总是会受到每天到来的日期更早的其他解决方案的挑战，而且他们可能会因为位于莫斯科、中国和日本腹地某个几乎不知名小

---

[26] 参见 *Problemata de cycloide proposita mense Junii* 1658: *Œuvres complètes*, p.180，其中论述道："几个月前，当我们在思考关于摆线的重心以及某些事情时，我们遇到了在我们看来相当艰巨和困难的一些命题。"

镇的镇长和官员的一句话而被排除在外。"[27]

不难看出，帕斯卡并不想冒失去 60 皮斯托尔的风险，他下定决心要赢得这场竞赛。[28]

尽管条件不利，但这场竞赛还是引起了极大的兴趣。斯卢兹（Sluse）写信给帕斯卡（1658 年 7 月 6 日）说，他很久以前就解决了第一个问题；然而，在他看来，其他问题似乎太难了，惠更斯也发现这些问题很难解决，但他还是解决了其中的四个问题。克里斯托弗·雷恩（Christopher Wren）没有解决任何一个问题。另一方面，他修正了摆线（因此，它是第二条被修正的曲线），并发现它的长度等于产生它的圆的直径的四倍。沃利斯寄来一篇相当长的论文，他尝试了帕斯卡提出的所有问题，并以一种非常巧妙的方式来处理它们。遗憾的是，由于时间仓促，他在计算上甚至在方法上犯了几个错误，他也部分纠正了这些错误，但并没有完全纠正。[29] 最后，一个耶稣会士，图卢兹教堂的教授拉卢埃（Lalouère）神父寄来了一篇论文，他

141

---

[27] 参见 *Réfexions sur les conditions des prix attachés à la solution des problèmes concernant la cycloide: Œuvres complètes*, p. 185。文中帕斯卡补充说："荣誉不是我所能支配的，它是根据成绩颁发的；与我无关；我只是负责奖金的颁发；因为奖金是我自己慷慨解囊提供的，我完全可以自由地决定条件，它们是按规定设立的，任何人都没有理由抱怨；我不欠德国人或莫斯科人什么，我本可以只给法国人奖金，我本可以只给佛兰德人或我愿意提供的其他人奖金。"

[28] 他解决了前三个问题和第六个问题，但没有解决剩下的两个问题，也没有索要奖金。就他而言，这次竞赛产生了重要的结果。这引起了他对摆线的注意，他在 1659 年证明了摆线是一条具有等时性的曲线。

[29] 沃利斯修订了他的论文，并于 1659 年出版了《论摆线》（*Tractatus de cycloide*）。他一直没有原谅帕斯卡。

完全错误地声称他应该得到这笔奖金。

在《关于奖金条件的反思》之后，帕斯卡立即发表了三篇介绍这场竞赛历史的文章，并解释了他没有颁奖的原因。[30] 1658 年 12 月，他在《给卡卡维先生的信》（ *Lettre à M. de Carcavi* ）中公布了他的结果和获得这些结果的方法。1659 年 1 月，《来自德顿维尔的信，其中包括他在几何学方面的一些发明》（ *Lettres de A. Dettonville, contenant quelques-unes de ses inventions en géométrie* ）出版。其中包括：（1）著名的《论四分之一圆的正弦》（ *Traité des sinus du quart de cercle* ），它是莱布尼茨发现微分学的灵感来源；（2）"以古代哲学家的方式"证明螺旋线和抛物线的等价性（ *de l'égalité des lignes spirale et parabolique* ）；（3）在《祖利切姆给惠更斯先生的信》（ *a Lettre à M. Huygens de Zulichem* ）中，以现代哲学家的方式证明"旋轮线曲线在本质上总是等于椭圆"；在拉长或缩短摆线的情况下得到真正的椭圆；在最简单的摆线的情况下，椭圆被拉平成

---

[30] *L'Histoire de la roulette*, 10 October 1658; *Récit de lexamen et du jugementdes écrits envoyés pour les prix proposés publiquement sur le sujet de la roulette,où l'on voit que ces prix n'ont point été gagnés, parceque personne na donné lavéritable solution des problèmes*, 25 November 1658; *Suite de l'histoire de laroulette, où l'on 'voit le procédé d' une personne qui s'était voulu attribuer linventiondes problèmes proposés sur ce sujet, 12 December 1658; Addition à la suite del'histoire de la roulette*, 20 January 1659. 后两篇文章针对的是拉卢埃神父，帕斯卡在《旋轮线的历史》中指控他剽窃了罗贝瓦尔的作品。*Œuvres complètes*, pp. 194, 208, 211, 216.

直线。[31] 帕斯卡在他的论文中表现出的精妙、巧妙和精湛的技 142
巧令人眼花缭乱。他以无与伦比的技巧处理古代人和现代人的
方法，让人不得不佩服。惠更斯精通"古代人"的方法，从不
喜欢"现代人"的方法（即对不可分割的使用），但却责备"他
的方法过于大胆，与几何学的精确性相去甚远"；他写道："他
渴望在一门他如此擅长的科学中称自己为他的学生。"然而，
我们不应该把帕斯卡的这些著作称为"关于微积分的第一篇论
文"，就像埃米尔·皮卡尔经常做的那样。毫无疑问，在帕斯卡
关于旋轮线的研究中，我们发现了"一些以极为巧妙的几何形
式呈现的与今天的几何学家所称的曲线积分和双重积分有关的
基本结果"；并且，"为了显示这些方法的力量，只要回忆一下
关于拉长或缩短摆线的弧与椭圆弧等价的优美定理就足够了"。
的确，正如我已经说过的，将帕斯卡的推理翻译成无穷小微积
分的语言是非常容易的。同样正确的是，在这样做的时候，我

---

[31] 参见 *Dimensions des lignes courbes de toutes les roulettes, Lettre de M. Detton-ville à M. Huyghens de Zulichem, Euvres complètes*, p. 340. 帕斯卡的话值得全文引用："我们看到……随着旋轮线的基准线变得越来越接近等于它所产生的圆的周长，它所对应的椭圆的短轴相对于长轴也在减小；而当基线等于圆周时，即旋轮线简单时，椭圆的短轴完全消除，然后椭圆的曲线（完全拉平）与直线（即它的长轴）相等。因此，在这种情况下，旋轮线的曲线也等于一条直线。正因如此，我才告诉那些我发给他们这个计算的人，从本质上说，旋轮线的曲线总是与椭圆相等；正如雷恩先生所发现的，简单的旋轮线与直线的令人钦佩的等价性，可以说，这只是一个偶然的等价，因为在这种情况下椭圆被还原为一条直线。对此，斯卢兹补充说，在这一点上，我们应该更加钦佩自然的秩序，它让我们发现一条直线等于一条曲线，只有在我们已经允许直线等于曲线之后。因此，在简单的旋轮线的情况下，假设基线等于产生它的圆的周长，那么，旋轮线的曲线恰好等于一条直线。"

们只得到一个翻译，而帕斯卡的推理本质上仍然是几何学的。在这个方面，"特征三角形"的"例子"最为重要。这是莱布尼茨的"特征"，但不是帕斯卡的"特征"，因为后者没有想到**比**（ratio），他想到的是**对象**（object）；正因如此，他没能做出莱布尼茨的发现，就像他几年前没能做出牛顿的发现一样。

我曾说过，帕斯卡以无与伦比的技巧和独创性运用了现代哲学的方法，也就是说，处理不可分割的几何学。另一方面，在我看来，他对这一方法的**解释**却相当令人失望。帕斯卡似乎并没有理解卡瓦列里概念的真正含义，对后者来说，几何物体的"不可分割的"元素的维度比物体的维度少一个。[32] 对罗贝瓦尔来说，不可分割的元素具有与物体相同的维度；罗贝瓦尔的概念（并不是对卡瓦列里的概念的正确解释）出现在帕斯卡之前在《给卡卡维先生的信》中的一个著名段落中，[33] 以表明任何事物都可以用古代哲学家的方式来严格地证明；因此，除了阐述的方式之外，这两种方法之间并没有什么不同。一旦被告知这意味着什么，这就不会对理智的人造成损害。

（帕斯卡继续说），"这就是为什么我在下文中将毫不犹豫地使用不可分割的语言，并使用**线的总和或面积的总和的表达式**……对于那些不理解不可分割学说的人以及那些认为用无限多的线来表示一个面积是违反几何学的人来说，使用纵坐标的

---

[32]　关于这一点，参见本章脚注 4 所提到我的那篇文章。

[33]　参见 Lettre de *Monsieur Dettonville à Monsieur de Carcavi*, in *Œuvres complètes*, pp. 232 ff。

总和似乎是不符合几何学的。这种观点完全源于他们缺乏智慧，因为它只不过意味着无限多个矩形之和，这些矩形是由每一个纵坐标与每一个直径相等的小部分组成的，而这些纵坐标之和当然是一个面积"。

简而言之，帕斯卡是一位极具天赋的数学家，他在青年时代就有幸受到笛沙格的教导，或者至少受到了笛沙格的强烈影响；而他在成年后的不幸命运也受到了罗贝瓦尔的强烈影响。[34]他无疑是那个时代最杰出的几何学家之一，尽管我们不能把他和 17 世纪的三位数学天才（笛卡尔、笛沙格和费马，法国完全有理由因他们而骄傲）置于同一个层面。

现在让我们转向作为物理学家的帕斯卡。他作为物理学家比作为数学家要出名得多，这是有道理的。尽管帕斯卡的数学著作对我们来说很难理解，但他的物理学著作则并非如此。此外，它们还经常得以出版和再版。每一个见多识广的人都知道《关于真空的新实验》（*Expériences nouvelles touchant le vide*）与《关于液体平衡的大实验》（*La grande expérience de l'equilibre des liqueurs*，多姆山实验）中引人入胜的描述。人们经常说，它们是科学文献中的瑰宝，人们不得不钦佩其论述中惊人的清晰性和思想的力量，以及一个接一个的吸引读者注意力的实验技巧。

在帕斯卡的风格中有某种神奇的东西；在其他作者的作

144

————————

[34] 对罗贝瓦尔的作品作出客观的判断是不可能的，因为他的作品不为人所知，而且有一部分是未发表的（或丢失的）。无论如何，尽管他具有不可否认的才能，但他似乎确实没有达到一流水平。帕斯卡肯定比他优秀得多。

品中同样能够发现的那些观点在他的作品中却呈现出不同的意义。梅森要用三页的篇幅或罗贝瓦尔用一页的篇幅才能晦涩地表达的内容，帕斯卡简化为十行就可以清晰地表达它们，这给读者留下了完全不同的印象。我们很想借用波义耳－马略特定律来断言，思想的密度与书面文字的体积或范围成反比。

然而，我担心这种风格的魔力多少会削弱我们的批判能力，并使我们无法审视帕斯卡的论述。让我们努力做到不带偏见。我们都熟悉《关于真空的新实验》的文本。尽管如此，我还是要冒昧地引用其中的一些片段，而不涉及出版这些片段时的历史情境。[35]

[帕斯卡写道]，"这些实验在如下场合进行。大约四年前，在意大利，有人用一根 4 英尺长的玻璃管进行了一次试验，玻璃管的一端是开口的，另一端是密封的。它装满水银，开口的一端是用手指或以其他方式封住的，封闭一端是垂直地浸入盛有更多水银的容器中两三个手指深的地方，容器中一半是水银，另一半是水。然后，在容器里的水银下面放开开口的一端，管中的水银下降使得管子的顶部留下了一个明显的空白，而同一根管子的下部仍然充满了达到一定高度的水银。将管子抬起来，直到原先浸在容器中水银下面的开口从水银中露出水面时，管子中的水银和一些水一起浮到水面上，这两种液体在

---

[35] 参见 Œuvres complètes, pp.363 f。关于真空的历史，参见 Corneliys de Waard, L'Expérience barométrique, ses antécédents et sesapplications, (Thouars: 1936)。

管子中混合在一起；但是最后所有的水银都掉了下来，而管子中只剩下满满的水。

这个实验从罗马传到了巴黎的梅森神父那里，1644年他在法国揭示了它。所有的学者和好奇者都对它极为欣赏，它通过这些人而变得广为人知。我是从防御工事的军需官（Intendant des fortifications）珀蒂先生（M. Petit）那里得知此事的，他是一个精通学问的人，他从梅森那里得知这个消息。珀蒂先生和我按照在意大利的方法一起在鲁昂做了这个实验，并且在没有注意到任何进一步的情况下，在每一个细节上都确证了从那个国家传来的报告。"

帕斯卡的解释中有两处遗漏。他没有告诉我们一个事实，即巴黎的"学者与好奇的人"试图在巴黎重复托里切利实验但没有成功的重要原因是巴黎的玻璃制造商无法提供足够坚固的玻璃管来支持4英尺水银柱的压力。鲁昂的玻璃制造商比巴黎更出色，珀蒂从他们那里订购的"长吹管"足够坚固。出于这个原因，珀蒂（与帕斯卡）是法国第一个成功制造出"托里切利"真空的人。此外，他并没有说，他和珀蒂所作的实验以及他自己所模仿的实验，其作者是一位杰出的意大利学者。

很难解释这种双重的沉默。我们可以假定，帕斯卡不想公开宣布他在巴黎的朋友的失败，从而伤害他们或者使他们难过——而且，他们对这种失败没有任何责任。我们还可以假定，他认为，他发明了足够多的原创和新颖的实验并获得成功之后，他没有必要吹嘘自己是**第一个**（与珀蒂一起）在一个旧实验中获得成功的人。但他为什么要隐瞒托里切利的名字？正如帕斯卡告诉德里贝雷（M. de Ribeyre，1651 年 7 月 16 日）的那样，他当时（即 1646 年和 1647 年）并不知道这位作者是托里切利，后来才知道，他从来没有否认这一点。然而，必须承认，他所声称的无知（至少可以这样说）是相当令人吃惊的，珀蒂在写给夏努（Chanut）的信中清楚地提到了"托里切利实验"；罗贝瓦尔也是如此，1647 年 10 月，他在写给德努瓦耶（Desnoyers）的第一篇《叙述》中为帕斯卡的（相对）优先权辩护，而反对马格尼对绝对优先权的主张，且直白地说出了他的名字。[36]

146　　　但为了继续和完成这个故事，让我们抛开这个问题。珀蒂与他合作所做的实验本身就足以驳斥真空不可能存在或"恐惧"真空的传统学说。然而，他们并没有成功地说服传统的拥护者。在珀蒂离开后，帕斯卡决定进行一系列新实验，这一次是他自己操作的，为了说服最不相信他的人，并最后摧毁古老又顽固的偏见。

　　　珀蒂的实验，尤其是帕斯卡的实验激发了人们极大的兴趣，给后者带来了当之无愧的名声。约在 1647 年秋，梅森收到了一封从华沙寄来的信，信上所附的日期是 7 月 24 日，德努瓦耶是当时追随马利·德·贡扎格（Marie de Gonzague）的一个

---

[36] *Œuvres de Blaise Pascal*, edited by Brunschvicg-Boutroux, I, pp. 323 ff (Letter of P. Petit to A. Chanut); and l, pp.21 ff （罗贝瓦尔给笛沙格的第一篇《叙述》[First *Narration*]）。

法国人，他透露了"一个名为瓦列里亚诺·马格尼（Valeriano Magni）的嘉布遣会修士所做的"实验的消息，"他正在印刷一本哲学著作，在书中他证明了可以在自然中发现真空"。收到这封信，以及了解了马格尼的"哲学"[37]——后者在书中自称自己是第一个证明真空存在的人，并且亲眼看到了**"没有处所的位置，在真空中相继地运动的物体，不依附于物体的光"**——迫使帕斯卡发表了他的《新实验》。就他而言，罗贝瓦尔给德努瓦耶写了一篇论述，其中他除了抗议马格尼的说法（他指控马格尼完全是剽窃托里切利），还叙述了他年轻朋友的工作。[38]

帕斯卡在其短篇论文的标题中指出，这些实验是"用各种长度和形状的管子、注射器、风箱和虹吸管"完成的；"有各种液体，例如水银、水、酒、油、空气，等等"同样，他陈述道，他的这篇小论文只是一个"简写本"，早于"关于同一主题的更大的论文"而提出。这位作者在"给读者的信"中告诉我们，"目前的情况使他无法发表一篇完整的论文，他在其中记录了许多有关真空的新

[37] "*Demonstratio ocularis loci sine locato, corporis successive moti in vacuo, luminis nulli corpori inhaerentis, etc.* Varsaviae: [N. D.]"（"批准"日期为 1647 年 7 月 16 日）。马格尼完成了他的关于"视觉演示虚空的可能性"（*Altera pars Demonstrationis ocularis de possibilitate vacui*）一文的工作。这两部作品后来被合并在名为《对虚空的好奇》（*Admiranda de vacuo*, Varsaviae: [N. D.] [1647]）中。

[38] 罗贝瓦尔提出的剽窃指控是完全不能成立的。至于帕斯卡（在他于 1651 年 7 月 16 日写给里贝雷的一封信）声称他被马格尼抄袭，这是相当奇妙的。尽管如此，马格尼在回应罗贝瓦尔的指控时承认托里切利的权利，但坚持他自己关于原创性的主张（1648 年 9 月 5 日）；参见 Corneliys de Waard, *L'Expérience barométrique, ses antécédents et sesapplications*, pp. 125 ff.。

147 实验，以及他从中得出的结论"，[39] 因此，我想对这个简写本中的
主要部分做一个说明，"它是对整部著作设计的一个预览"。

事实上，"整部著作的设计"在鲁昂实验中根本不存在。
毫无疑问，《论著》的目的是证明，那些被归因于惧怕真空的
效果实际上是由于周围空气的压力（或重量）造成的。现在，
鲁昂实验完全无视这一问题，它完全致力于证明真空存在是可
能的。这个证明分为两部分。第一部分，产生了一个"表面上
空无一物的空间"；第二部分证明，"这个表面上空无一物的空
间不包含自然中已知的任何物质或能够被感官感知到的任何物
质"。结论是这个空间确实是空的，"没有任何物质……直到证
明那个填满空间的物质的存在"。

帕斯卡记录的主要实验有八个：（1）用注射器进行的实验；
（2）用一对风箱所做的实验；（3）用 46 英尺长的玻璃管进行的
实验；（4）用不等长的虹吸管进行的实验，其长管为 50 英尺，
短管为 45 英尺；（5）用一根 15 英尺长的装满水的管子所做
的实验，管子里有一根绳子，并且放置在一个充满水银的容器
中；（6）另一个用注射器进行的实验；（7）和（8）用虹吸管进
行的两个实验，长管为 10 英尺，短管为 9.5 英尺，其末端位于
两个装有水银的容器中。这些极具原创性的实验证明：（1）自

---

[39] 帕斯卡无法发表他的"论著"，因为他还没有写。实际上，直到 1651 年才完
成（参见本章脚注 2），也没有出版。根据弗洛兰·佩里耶（Florin Périer）的说法，"这篇
论文已经失传了，或者更确切地说，因为他太喜欢简洁了，他自己把它简化成了两篇小论
文"，分别为《论液体平衡》和《论空气团的重量》。

然并没有对真空的产生施加无法克服的阻力，而是提供了一个
有限的阻力；（2）略高于 31 英尺的水柱向下流动的力足以产生
真空；而且，自然对产生高真空的阻力并不比产生低真空的更
大；（3）后者一旦产生，就可以随意增加，而不受任何阻力。
我们将选择其中的两个实验，即第三个实验和第四个实验。这
两个实验是最著名的，帕斯卡告诉我们，他使用了 46 英尺甚至
50 英尺长的玻璃管。描述如下：

148

"（3）一个 46 英尺长的玻璃管，一端开口，另一端密封，
里面装满水，或者最好装上深红色的葡萄酒，以便更容易看
到；然后将其封住并抬高，使其与底部的封闭端垂直，并浸入
一个装满水的容器约 1 英尺的深度中。如果开口没有被堵住，
那么酒就会在管子里落到比容器中水面高 32 英尺左右的高度，
然后流入盛满水的容器里，与水混合并逐渐变淡。酒从管子的
顶部分离出来，留下了一个大约 13 英尺长的表面上空无一物的
空间，或者，似乎没有物质代替它的空间。如果将管子倾斜，
管内葡萄酒的高度会因倾斜而变少，然后再次上升，直到达到
32 英尺的高度。最后，如果管子倾斜到 32 英尺的高度，它就会
因吸进与流出的酒等量的水而完全被填满；现在，这个管子从
顶部到底部大约 13 英尺处似乎充满了葡萄酒，下面的 13 英尺
处充满了略带颜色的水。

（4）一个长管为 50 英尺，短管为 45 英尺的装满水的不等
长的虹吸管，这两个开口的末端被堵住，浸入两个充满水的容
器中约 1 英尺的深度，使虹吸垂直，一个容器的水位比另一个

容器高出 5 英尺。如果在虹吸管处于这种位置时，两个开口没有被堵住，则长管不会从短管中吸水，因此也不会从其所在的容器中吸水（这与所有哲学家和工匠的观点相反）；但是，这两个容器中的水都是从两根管中落下的，直到它达到与上一根管子相同的高度，这是从每个容器中的水位测量得出的。当将虹吸管倾斜，使其低于约 31 英尺的高度时，长管从包含短管的容器中吸水。当虹吸提高到这个高度时，水流就停止了，两根管都各自排水到自己的容器里。当虹吸管再次降低时，长管就像以前一样从短管中吸水。"

帕斯卡的描述是出色的。然而，就目前而言，让我们忘记我们正在处理帕斯卡的文本。假设我们正在处理一个匿名的文本，或者用一个未知的名字所写的文本。难道我们不问问自己，这位作者是否真的进行了他所描述的实验吗？他对它们的描述是否**完全准确**？让我们向帕斯卡尔提出这些问题。

46 英尺长的玻璃管！——即使是今天也很难制作。尽管罗贝瓦尔向我们保证，他们是用高超技能制作的（无论如何，罗贝瓦尔说，40 英尺），但 17 世纪的玻璃制造商，即使是鲁昂的玻璃制造商，也不太可能生产出这样的产品。此外，处理一根 15 米长的管子也不是一件容易的事，即使（同样，信息是由罗贝瓦尔提供的）管子被固定在杆子上。[40] 为了实现帕斯卡实验

149

---

[40] First *Narration à Des Noyers*. 罗贝瓦尔的《叙述》往往在细节上，甚至在事实上都比《新实验》更丰富。

所暗示的运动，需要脚手架和起重滑车；也就是说，需要有一种比通常在造船厂使用的更强大、更复杂的装置，因为踩动船桨要比按照帕斯卡要求的方式移动 50 英尺长的不等长虹吸管容易得多……帕斯卡既没有给出这些装置的描述，也没有给出这些装置的图纸，这是相当令人惊讶的。我们并不满足于从帕斯卡那里得知这些实验给他带来了很多麻烦和费用；我们同样不满足于从罗贝瓦尔那里得知帕斯卡制造了非常巧妙的设备。我们更希望了解这些设备的一些细节，以及这些管子和 50 英尺长的虹吸管的制造方法。

为了理解这一点，我不想影射帕斯卡并没有进行他所描述的实验（或是罗贝瓦尔记录的那个实验），尽管 17 世纪的科学文献中充满了从未做过的实验。梅森在这些问题上不像 19 世纪和 20 世纪的大多数历史学家那么轻信，他非常正确地对伽利略有关物体自由下落及其在斜面上的运动的著名实验提出了怀疑。维维亚尼讲述了伽利略据称从比萨斜塔上投掷炮弹所做的实验（一个虚构的故事）。博雷利在与斯特凡诺·德·安杰利（Stefano d'Angeli）的论战中冷静地援引了这些实验，即如果他做了这些实验，其结果将使他困惑。至于帕斯卡本人，《论液体平衡》包含了一系列的实验，罗伯特·波义耳已经正确地强调了这些实验的想象性质。[41]

---

　　[41]　例如，在这个实验中，一个人在大腿上支撑一根管子，同时又把自己保持在水面以上 20 英尺的地方。

这一切没有什么不正常的。正如我已经说过的，17世纪的科学文献（不仅限于17世纪）中充满了这些虚构的实验；我们可以写一本很有启发性的书，讨论那些没有进行的实验甚至不可能进行的实验在科学中所起的作用。

150　　再说一遍，我不想断言帕斯卡没有进行过他声称做过的那些实验。另一方面，我相信我能够断言，他并没有**以他所做的方式**描述它们，也没有**以它们所表现的方式**呈现它们的结果。他肯定对我们隐瞒了什么。

事实上，加斯帕罗·贝尔蒂（Gasparo Berti）受到伽利略的《两门新科学》的启发，他在罗马进行了第一个真空实验[42]——贝尔蒂使用了一根10米长的铅管，其末端是一个大的玻璃罩，整个固定在他房子的正面——正如伽利略所预言的那样，水停止在一定的极限高度。另外还有一种说法被确立，即水开始沸腾。它这样做是很自然的，因为溶解在水中的空气以气泡的形式逸出。这种现象对于那些支持真空的人（例如，贝尔蒂本人）来说是相当尴尬的；而那些否认真空的人可以用某种看似合理的理由声称水面上的空间只是看上去是空的，而实际上，它充满了空气和水蒸气。

在帕斯卡的试管里，沸腾现象不会消失。这将不可避免。

---

[42]　参见 Corneliys de Waard, *L'Expérience barométrique, ses antécédents et sesapplications,* pp. 101 f。

1950 年，当帕斯卡的实验在发现宫（Palais de la Découverte）*
重现时，人们发现水沸腾了，而且相当剧烈。这时，人们意识
到了获得 15 米长的玻璃管的困难，终于放弃了这一尝试，改用
了每根 255 厘米长的玻璃管的组合。

这种现象能逃过帕斯卡的注意吗？我不这么认为。而且，
承认它将是对作为实验者的帕斯卡的宣判。沸腾现象并不是在
管中发生的唯一显著现象。由于空气（和水蒸气）形成的压力，
水柱在 24 小时内下降到 1.5 米。[43]

而且，还有比这更好的事情。1647 年，罗贝瓦尔不仅热情
地支持帕斯卡反对马格尼，而且还支持了帕斯卡的所有结论，
他在对德努瓦耶的第一次《叙述》（1647 年 10 月）中提供了帕
斯卡实验的一些细节和推论，而帕斯卡本人并没有谈过它们：
1648 年，他突然改变了主意。事实是，在 1647 年，他自己（用
水银）做过的实验很少。从那以后，他又做了其他的实验；他
注意到小气泡在整个水银柱中上升。它们是来自于附着在管壁
上的空气，还是水银本身的压缩状态下所含的空气？无所谓！
无论如何，显然不能承认表面上的空与真正的真空是相同的。
然后，罗贝瓦尔在他的《第二叙述》（1648 年 5 月）中当描述帕

151

---

* 发现宫建于 1937 年，由法国物理学家、诺贝尔奖得主让·佩兰（Jean Baptiste
Perrin，1870—1942）主持创办，坐落于法国巴黎八区大皇宫内的科学博物馆，隶属于
巴黎大学。发现宫旨在向广大观众介绍科学上的重大发明和发现，激发公众对科学的兴
趣。——译者注

[43] 这些现象——沸腾和液面下降——在酒的情况下应该比在水中更为明显。至于
虹吸管，则不可避免地会在顶部形成一个气塞。

斯卡的酒水实验时，补充说在场的人（罗贝瓦尔本人并不在鲁昂）并非没有注意到小气泡在管子中上升，并在上升过程中变大。这一现象意味着空气的可压缩性，反之亦然，空气的膨胀超过了任何可以想象的程度。[44]

在我看来，我们不得不得出这样的结论：帕斯卡并没有给我们完整而准确地描述他所做的或想象的实验。这个结论为他与诺埃尔（Noël）神父的论战提供了一个独特的启示；而且，更重要的是，它极大地改变了帕斯卡作为一个敏锐而谨慎的实验者的传统观点（这一历史惯例将其与顽固的先验推理者笛卡尔形成了鲜明的对比）。不！帕斯卡不是培根的忠实信徒，也不是波义耳的"第一版"。

所以，水里有气泡，甚至水银中也有？对帕斯卡来说，这无关紧要。他对他所做过（或没有做过）的实验有如此清晰的想象，以至于他能够深刻地把握它们的本质，即处于平衡状态的液体相互作用，因为帕斯卡把空气看作是液体。[45]非常遗憾，他所用的液体（酒、水、油、汞）并不是完美的、连续的、均匀的液体，它们含有空气，而且这些空气附着在管子的两侧。所以，膨胀的空气充满了"表面上的空无一物"？没错！这非

---

[44] 参见 *Deuxième Narration, Euvres de Blaise Pascal*, edited by Brunschvicg-Boutroux, I, p. 328。这是罗贝瓦尔的恶毒评论。

[45] 1647 年，帕斯卡已经完全掌握了这一学说。证据是他在 1647 年 11 月 15 日写给弗洛兰·佩里耶关于在多姆山进行的气压实验的信，而他在同一时期设想了在真空中进行的实验。

常不方便；但如果我们可以使用不包含任何空气的液体，**那么**这个实验将会宣告表面上空无一物的空间与真正的真空的同一性。因为尽管帕斯卡在他的结论中没有正式地肯定它的存在（他在给诺埃尔神父和勒帕约尔 [Le Paillur] 先生的信中这样做了），但他显然完全相信这一点。他在《致诺埃尔神父的信》（*Lettre au R. P. Noël*）中给出的定义就是充分的证据；尽管他无疑有理由指出，定义不是一种观点，并且说："我给这样的事物起了这样的名字"，原则上并不意味着它的存在，如果我们不相信它真的存在，我们就不会说，"我们称之为空无一物的空间是一个有长度、宽度和深度的空间，是静止的，并且能够接受和包含一个类似长度和形状的物体：这就是几何学中所谓的**立体**，而这门学科只考虑抽象的和非物质的事物"。而诺埃尔神父虽然犯了一个形式上的错误，却没有因此而被欺骗。帕斯卡根本不想过早暴露他的火力；事实上，他保留了一部完整的《论著》，它将提供所需的证据，同时根据液体平衡理论解释管中产生真空的原因。同时，他不愿意在一个正直的人心中播下怀疑的种子，相反，他必须准备接受未来的证据；他也不愿意给他的对手提供武器。

他最著名的、最可怜的对手无疑是诺埃尔神父。这位神父在读过了《新实验》之后给帕斯卡写了一封信，他在信中用旧的论证和笛卡尔主义的观念为传统学说辩护。他指出光是通过表面上空无一物的空间传播的；他暗示："托里切利管中表面上空无一物的空间充满了一种通过玻璃的小孔进入的精致的空气。"这对他来说是不幸的。帕斯卡的回应是一篇精雕细琢的讽刺作品（《外省人的信》[*Provinciales*] 的前身），他给拉弗莱什罪恶的外省人上了一堂方法课和物理课。帕斯卡向这位倒霉的耶稣会士抗议说，我们并不熟悉光的本质，这位神父对它的定义（"光是由清晰的物体（即发光体）构成的光线的发光运动"）是循环定义，毫无意义；而且，我们没有权利断言它只能在充实空间中传播而不能在真空中传播；此外，即便一个假说解释了一个现象，我们也不能得出结论说这个假说是真的，因为同样的现象除了由极为不同的原因所造成的之外，还能够得到多种解释。例如，无论是托勒密假说还是哥白尼假说或第谷假说都能很好地解释天界现象。

153

这位神父应该保持沉默。不幸的是，他给予了回复，但这对我们来说是幸运的；正是由于这个回复，我们才得到了那封令人炫目的《帕斯卡致勒帕约尔先生的信》（*Lettre de Pascal à M. Le Pailleur*）[46]，这是一部猛烈而无情的论战杰作。这位倒霉的神父被放在烤架上翻来覆去地烤，显得非常可笑。读者忍不住笑了起来，在读完后会有这样的深刻印象：帕斯卡是一个天才，而诺埃尔神父是一个十足的傻瓜，他对真空概念提出的形而上学反驳，正如他对光的定义或是他通过"运动的光"的作用来解释管中的水银（或水）的上升一样毫无价值。

帕斯卡当然是天才，而诺埃尔神父肯定远非天才。这一点

---

[46]　在 1648 年。*Œuvres completes*, pp 377-391.

毋庸置疑，正如帕斯卡的物理学优于这位不幸的、落后于时代的经院学者的物理学。尽管如此，当后者写道："**这个空间，既不是上帝，也不是造物、物体、精神、实体或事件；它不透明却能够传递光；它抵抗却没有阻力；它不可移动，但却与管子相结合；它无处不在，却又无处可寻；它无所不能，却又无所作为，等等。**"——你认为他无疑是可笑和愚蠢的吗？帕斯卡在他的回复中以"关于神性的奥秘太过神圣而不能在我们的争论中被亵渎"为借口，仿佛这是一个教条问题，而不是一个纯粹的形而上学问题，以此来回避"既不是上帝，也不是造物"。他接着说：

> "**不是物体，也不是精神**。的确，空间既不是物体，也不是精神，而是空间。同样，时间既不是物体也不是精神，而是时间；由于时间即使不是这些事物中的任何一个，但仍然存在，所以空无一物的空间当然也可以存在，不会因为这个原因就既不是物体，也不是精神而受到影响。**既不是实体，也不是事件**。这是正确的，如果我们所说的实体是指物体或精神；因为在这个意义上，空间既不是实体也不是事件；但它是空间，就像时间既不是实体也不是事件一样，它是时间；因为它的存在不是必然要成为实体或事件。"

这真的是一个特别精彩的回答吗？帕斯卡对待重要的形而上学问题（即他那个时代最伟大的思想所关注的问题）难道不是相当轻率，而且没有适当的考虑吗？无论如何，当我们在伽桑狄（帕斯卡借用他的观点）那里读到这一切的时候，我们无疑不那么欣赏它；甚至可能根本不欣赏它。

154

　　另一方面，当我们发现诺埃尔神父的缺陷出现在其他作者的作品中时，它们看起来一点也不荒谬。这位神父的说法与笛卡尔、斯宾诺莎和莱布尼茨完全一样，他们在否定真空这一点上是一致的；他们（牛顿也是如此）非常认真地提出了上帝与空间（如帕斯卡所理解的）之间可能存在的关系问题，它不可能是被创造出来的。当然，他们都对他们非常严肃地对待的这个问题给出了不同的答案。

　　即使是反对光通过一个看上去上空无一物的空间从而排除了一个"真正的真空"存在的可能性，当我们在惠更斯那里发现这个反驳时，我们也不太可能嘲笑它。我们也不认为自杨和菲涅耳以来的 19 世纪的物理学家是荒谬的，当他们为解释光在"显然是空无一物的空间"中的传递而提出了一种发光的以太时，他们所做的以及他们的理由与诺埃尔神父牧师相似，在这方面，他可以被视为他们的前辈。帕斯卡主义这个词的魔力是一种危险的东西，很难抵制它，因此更有必要不惜一切代价去抵制它，因为它诱使我们陷入历史的错误，并引导我们走向不公正和轻率。

　　我已经走得太远了，故必须结束，而不能讨论《关于液体平衡的大实验》（多姆山实验），其细致和准确的组织结构毫无疑问配得上帕斯卡，这也是他实验天才无可争议的证据，尽管这个实验的观念是其他人向他提出来的，尤其是笛卡尔（他预测了一个积极的结果）或梅森（他对此表示怀疑）。我也不能讨论任何关于《论液体平衡与空气团的重量》（*Traités de l'équilibredes liqueurs, et de la pesanteur de la masse de l'air*）的内容，其中毫无疑问地完全概括了遗失的《论真空》[47]（它以全新的眼光展示了作为一个编排者和系统者的帕斯卡）。

事实上，这些"论著"中几乎没有什么真正的新观念；可能根本就没有。在阅读它们的时候，很容易发现（就像皮埃尔·布特鲁 [Pierre Boutroux] 那样）他所深入研究或者获得的灵感的来源：斯台文、梅森、托里切利。然而，所描述的实验的多重性和多样性，例如"真空中的真空"，事实上，这些事实（无论是真实的还是想象的）都是按照一种单一观念的功能提出和安排的，这种令人钦佩的顺序构成了一部极具原初性的著作，它当之无愧地在科学经典中占有一席之地。为了支持这一声明，我们可以更具体地提到《论液体平衡》（它基于虚功原理）；我们也不能忘记液压机的发明，它是帕斯卡的技术创造力的一个优秀范例。

尽管如此，体系化的精神（帕斯卡在这些"论著"中很好地体现了这种精神）并非没有某种危险。事实上，因为帕斯卡认为空气是一种液体，所以他无法清楚地区分空气的**压力**和它的**重量**；或者，换句话说，气体的弹性压力和液体的非弹性压力之间的明确区别，因此便用空气的**重量**来解释它的**压力**所产生的现象。这是一个相当困难的问题，提供解释的功劳要归于波义耳。当时通常把空气当作液体处理（笛卡尔认为空气是一

155

---

[47] 参见本章脚注 2 和脚注 39。

种非常精细的液体），从而用流体静力学来同化气体力学。尽管如此，帕斯卡确实提出空气的可压缩性或多或少地解释了这样一个事实：当提着一个气囊上山时，它的膨胀程度随着海拔高低而变化。

156　　　但是由于篇幅所限，没法继续讨论所有这些内容了。

索 引 *

Accademia del Cimento, 14, 77 *n*. 2
Acceleration, 44, 56 and *n*. 1, 59 and
  nn. 1 and 2, 60 and *nn*. 2 and 3,
  61, 63 and *nn*. 1-3, 6, 64 *n*. 3, 67,
  73 and *n*. 4, 74 *n*. 1, 75 *n*. 1,
  79 *n*. 1, 81 f, 84-5, 87, 92 and
  n. 3, 100 *n*. 2, 123 *n*. 2; resistance to,
  63 and *n*. 6, 73 f. *See also under*
  Measurement
Air, elastic pressure, 128-9, 156;
  weight, 75 *n*. 4, 128-9, 156;
  aerodynamics, 129. *See also*
  Medium
Alais, Comte d', *and* Gassendi's
  experiments, 126-7
Alchemy, 17, 91
Algebra, 132 f.
Angeli, Stefano degli, *and* Borelli,
  150, *and* Riccioli, 49 *n*. 1
Apolonios, 134
A priori reasoning, 75, 88, 152
Aquinas, St Thomas, 23
Arabs, *and* arithmetical triangle,
  136, *and* works of John Philiponos,
  29 *n*. 2
Archimedes, 14 and *n*. 3, 17 *n*. 3,
  49, 76, a Platonist, 38 and *n*. 3,
  De Insidentibus, 67; *and* falling
  bodies, 66, 68; *and* geometry,
  134; *and* heaviness of bodies, 61,
  69; *and* modern science, 22 and
  n. 2, 32, 81, 91
Aristotle: Aristotelian concepts,
  5 and *n*. 2, 6-10, 12, 14 f. 17 and
  n. 3, 22, 30 *n*. 1, 34-8, 42, 62 *nn*. 2
  and 4, 90 and *n*. 2, 91 and *n*. 1,
  120 f.; medieval criticism of,
  29 and *n*. 1, 54 *n*. 3, 68-9; *and*
  experience, 90 *nn*. 1 and 2; *and*
  experiment, 76. *See also under*
  Dynamics; Motion; Physics;
  Plato.

Arithmetic, 41, 138, arithmetical
  triangle, 136-7 and *n*. 1, arith-
  metic proportion, 68 and *n*. 1'
  72, 74
Assaying, basis of, 62 *n*. 2
Astronomy, 1, 6, 8, 12, 18, 34,
  62 *n*. 1, 98 and *n*. 3; in relation to
  physics, 20 and *n*. 1, 38; *and*
  measurement of time, 103 f. *See*
  also under Gassendi
Atoms, 119 f., 130; atomism, 129;
  atomistic ontology, 128. *See also*
  under Gassendi
Attraction, force of, 10 f., 62, 73,
  92 *n*. 3
Atwood, 75 *n*. 2
Auzout, 127
Averroes, 54 *n*. 4
Avicenna, translation of works of
  John Philoponos, 29 *n*. 2

Bacon Francis, 17 and *n*. 1, 90, 152
Baliano, G. B. *and* isochronism of
  pendulum, 76 *n*. 1; *and* law of fall,
  92 *n*. 3, 106 f.
Ballistics, 17
Barometric phenomena, *see under*
  Boyle; Gassendi; Pascal;
  Torricelli
Barrow, Isaac, 95
Basson, *and* atomism, 129
Beekmann, Isaac, with reference to
  acceleration of the projectile,
  30 *n*. 1
Benedetti, Giovanbattista, 17 *n*. 3,
  32, 54 *n*. 3, 57 *n*. 2, 59, 64, 66, 68,
  81; *and* Galileo, 49 and *n*. 3,
  70-73 and *n*. 2, 75 *n*. 1; *and*
  acceleration, 73 *n*. 4; *and* heavi-
  ness of bodies, 61, 73; *and* motion
  in a vacuum, 55. *Diversarum*

---

* 索引中所涉及的页码和注释编号均为原书中的页码和注释编号。——译者注

Benedetti, Giovanbattista (*cont.*)
Speculationum regarding falling bodies, 50-1, 69 and *n.* 2, 70, 74, 106; *Resolutio omnium Euclidis problematum* 49 and *n.* 4, 67 and *nn.* 1 and 2, 68, preface with regard to falling bodies and specific gravity, 49-50 and *n.* 1
Bergson, Henri, *and* physics, 16 *n.* 2
Bérigard, *and* atomism, 129
Bernie, *and* Gassendi, 119 *n.* 1, 127
Bernoulli, J., 97 *n.* 1
Berti, Gasparo, *and* vacuum experiment, 151
Binomial theorem, 133
Bologna, Riccioli's experiments at Torre degli Asinelli, 105 f. and *n.* 4, 107; churches and towers of, 107
Borelli, Alfonso, *and* d'Angeli, 150; *and* astronomy, 62 *n.* 1; *and* sound, 123 *n.* 3
Borkenau, F., with reference to Cartesian philosophy and science, 17 *n.* 3
Bouilaud, Ismael, *Astronomia Philolaica*, 123 *n.* 1
Bourbaki, Nicolas, with reference to Pascal, 132 *n.* 2
Boutroux, Pierre, with reference to Pascal, 155
Boyle, Robert, 91, 119, 150, 152, 156, *and* barometric phenomena, 127
Boyle-Mariotte Law, 145
Bradwardine, *and* speed, 54 *n.* 3
Bréhier, É., *Histoire de la philosophie* quoted with reference to Descartes and modern physics, 20 *n.* 2
Brouncker, William, Viscount, 97 *n.* 1
Bruno, Giordano, 5, 7; *and* concept of infinite Universe, 8-9; *and* movement, 8-10, 125
Brunschvicg, Léon, with reference to Descartes and to Pascal, 133
Buonamici, Francisco, *and* medieval theories of motion, 35 and *n.* 1, 36

Buridan, Jean, 17 *n.* 3, 18, 22, 29
Burtt, E. A., *The Metaphysical Foundations of Modern Physical Science,* 40 *n.* 2

Cabeo, N., *and* law of fall, 106
Calculus, differential, 133; infinitesimal, 132, 143; integral, 143
Cantor, Moritz, *and* arithmetical triangle, 136
Carcavi, *and* Pascal's cycloid competition, 140 f., 142 *n.* 2, 144
Cardano, Jerome, 91
Causation, 26 and *n.* 2; causes and effects, 59 f., 81-2
Cavalieri, Bonaventura, 14, 132 and *n.* 1, 134, 144; *Specchio Ustorio*, with reference to Galileo, 39 and *n.* 1
Caverni, 21 and *n.* 3
Chanut, A., P. Petit's letter to, 146
Chasles, *and* projective methods, 136
Chevalier, Jacques, with reference to Pascal, 136
"Classical" science, 89 *n.* 1
Clocks, 75 and *n.* 3, 92 *n.* 4; mechanical clock, 108, 111; pendulum clock, 98 and *n.* 1, 105, 110 and *n.* 2, 111; precision clock, motive for invention of, 95 *n.* 2; Roman water clock, 94
Cohen, J. B., 91-2 and *n.* 1, *and* inertial motion, 60 *n.* 4
Common sense, 5, 12 f., 18 f., 21, 23, 27 f., 30, 51, 76, 90 f., 100
Conics, *see under* La Hire *and under* Pascal
Copernicus, 7, 10, 102 *n.* 3; *and* astronomy, 6, 122; *and* "celestial mechanics", 8-9
Cosmos, the finite, 1-2, 6, 8, 11, 16, 24-5, destruction of idea of, 19-21
Cremonini, 18, *Tractatus de Paedia*, 21 *n.* 3
Ctesebius of Alexandria, *and* water clock, 94 f., *and* pump, 129

Cycloid, 97 *n.* 1, 111 and *n.* 4, 112, 140 and *n.* 1 *See also under* Huygens *and under* Pascal

De l'Hôpital, 97 *n.* 1
Democritos, 119, 130
Desargues, Gerard, 133, 144, *and* Pascal, 134 ff., 139
Descartes, René, 11, 18, 21 f., 25, 41, 75 *n.* 5, 81 *n.* 2, 90 *n.* 1, 92 *n.* 3, 144, 152, 155 f.; characteristics, 14, 16 f., and *n.* 3, 20 *n.* 2, 133-4; influence, 118 and *n.* 1, 119 and *n.* 1; *and* the scientific revolution, 1-2. *And* cycloid, 140, imaginary experiments, 46, "impetus", 30 *n.* 1,inertia,19,quality,38,vacuum, 28 *n.* 4, 121. *Principia Philosophiae*, 120. *See also* Cartesian physics *under* Physics
Desnoyers,Pierre,*and* "Toricellian" vacuum experiment, 147. *See also under* Roberval
Dettonville, Amos, Pascal's pseudonym, 140, 142 and *nn.* 2 and 3
Digges, Leonard, *Prognostication everlastinge*, 124 *n.* 2
—, Thomas, *Perfit Description of the Celestiall Orbes*, 124 *n.* 2
Duhem, P., 5 and *n.* 1, 17 n. 3, 18, 21 and *n.* 3, 22 and *n.* 3, 30, 90 and *n.* 1. *Le Système du Monde*, quoted, 18 *n.* 3
Dynamics, 9 f., 17 *n.* 3, 18 *n.* 3, 30, 34 *n.* 1, 38-9, 62 *n.* 2, 92, 95, 110, 124, fundamental axiom, 81. Aristotelian, 21 *n.* 1, 27 f., 34 *n.* 1, 90 *n.* 1, fundamental axiom, 80-1; criticisms, 28-32, 51-2, 59, 64, 68. *See also* "Impetus".

Earth, attraction of, 73, 125, 127; central position of, 24; centre of, 60 f.; movement of, 6-12, 124-5
Eclipses, of moon (1623-49), 122; of sun (1621-54), 122
Einstein, Albert, *and* imaginary experiments, 46

Epicuros, 119, 127, 129
Euclid, *and* space, 20, 28; Pascal *and*, 134
Exact sciences, 91 and *n.* 1
Experience, 3, 5, 13, 14 *n.* 1, 15, 18 and *n.* 2, 36, 84, 89-90 and *n.* 1
Experiment: ix, 13 f., and *n.* 1 18-19, 45 f., 75 and *nn.* 2, 3, 5, 76-8 and *n.* 4, 80, 82-4 and *n.* 1, 85-8,90-1,124 and *n.* 2,126,151-2; Galileo *and*, 90, 92 and *n.* 4, 93-4 and *n.* 1, 96, 98, 108, 114-15, 124 *n.* 2, 150; Mersenne *and* 97 *n.* 1, 98-100 and *n.* 1, 101 and *n.* 2, 102, 108, 113-14, 123, 145-7, 150. *See also under* Gassendi; Huygens; Pascal; Riccioli; Theory. Technical difficulties in 17th century, 91-5, 108, 111, 123 *n.* 3. Imaginary experiments, 45-6, 51-2, 65, 105 and *n.* 2; Galileo *and* 45 f., 58 and *n.* 1, 65 *n.* 1, 75 and *n.* 1, 76, 82, 84, 126

Falling bodies, problem of, 39, 46-88, 99-101 and *n.* 2, 102, 124 and *n.* 2, 126-7. Aristotelian view, 46-8, 50-5, 64 and *n.* 3 65, 68 ff., 71 f., 74, 75 *n.* 1, 106. Law of fall, 44, 92, *See also under* Galileo. Simultaneous fall, 75 f., 78-9. Heaviness of bodies, 61 and *nn.* 2 and 3, 62, 64, 66, 68, 70, 72, 92. *See also under* Measurement *and under* Speed
Fermat, Pierre, 118, 132, 139, 144; *and* cycloid, 140
Florentine Academy, *see* Accademia del Cimento

Galileo Galilei: Characteristics of his thought, ix, 18 ff., 34, 38, 55 *n.* 3, 61, 85, 90 *n.* 1; *and* Platonic concepts, 15, 39-40 and *n.* 2, 41-43; opposition to Aristotle, 12, 17, 22, 30; mathematical concepts, 34 and *n.* 3, 35, 37,

Galileo Galilei (*cont.*)
39-41; *and* the scientific revolution, 1-2, 12-13, 16 f. and *n.* 3, 20-2, 89, 119. *And* gravity, 60 and *n.* 2, 66, 71-3, specific gravity, 49; heaviness of bodies, 61 and *n.* 2, 62, 73; *impetus*, 31-2; inertia, 62; law of fall, 44, and *n.* 4, 48 *n.* 1, 49-76, 92-4, 106 f. and *n.* 3, 112, 124; motion, 2-5, 7, 11, 19, 39, 81-2, 92, on an inclined plane, 77 and *n.* 1, 80, 92, and *n.* 4. *De Motu Gravium*, 31-2, 53 *n.* 1, 60 *n.* 1, 61 *n.* 2, 68 *n.* 3, 71 and *n.* 3, 72-5. *Dialogue on the two greatest systems of the world*, 34-5, 37-40 and *n.* 2, 41-3, 53 *n.* 2, 54, 60 *n.* 2, 61 *n.* 4, 73, 78 *n.* 4, 94, 114, 124 *n.* 2, 126. *Discourses and Demonstrations*, 39 and *n.* 2, 43, 46 and *nn.* 1-3, 47-8, 52-4 and *n.* 4, 55-60, 63 and *n.* 5, 64-5 and *n.* 3, 66, 73, 75 and *n.* 4, 76 *n.* 1, 77 and *n.* 2, 78 and *nn.* 3 and 4, 82-5, 86 *n.* 1, 87 *n.* 1, 88 and *n.* 1, 92 and *nn.* 2 and 4, 94, 96-7, 114, 151. *Response to the Philosophical Exercitations* of Antonio Rocco, 40. *Lettera a Francesco Ingoli*, 126. *See also under* Benedetti; Experiment; Pendulum; Pisa
Gallé, French engineer, *and* falling bodies, 124 *n.* 2
Gassendi, Pierre: Characteristics, 118, 129-30; influence, 118-19, 129; opposition to Descartes, 120. Astronomical work, 122 and *n.* 1, 123 and *n.* 1. Experiments, 123 and *n.* 3, 124 and *n.* 2, 126-8. *And* atomism, 120, 122 f., 127-30; barometric phenomena, 122, 128-9; inertia, 122, 127; light, 122, 130; measurement, 123 and *nn.* 2 and 3; metaphysics, 155; modern science, 130; sound, 130; vacuum, 129. *Animadversiones*, 120 and *n.* 3, 121, 127. *De*

motu impresso, 127. *Syntagma*, 121, and *n.* 2, 123 *nn.* 2 and 3, 128. *See also* Rivet
Geometry, 4, 6, 14, 19-20, 28, 37 ff., 41, 76, 91, 95, 132 ff., 136, 138; of indivisibles, 132 and *n.* 1, 138 f., 143-4; geometric proportion, 68 *n.* 1, 72, 74; geometrical curves, 111 and *n.* 1; geometrical language, 19, 34 and *n.* 3, 90. *See also under* Greek
Gilbert, William, 89, 91
Glassmakers of Paris and of Rouen, 146, 149
Gonzague, Marie de, 147
Gravity, 53, 56, 60 and *n.* 2, 61-2 and *n.* 1, 63, 77, 92, 127, centre of, 23; specific gravity, 49-50, 55 f., 66, 68, 71-3, 106
Greek conceptions, 1, 3, 16, 19 f., 22, 132; geometry, 134. *See also* Atoms
Grimaldi, Francesco Maria, *and* Riccioli's experiments, 104 and *n.* 4, 105, 107 f.
Grossmann, H., with reference to Borkenau and Cartesian philosophy, 17 *n.* 3

Harriot, Thomas, 123
Harvey, William, 89
Hérigone, *and* arithmetical triangle, 136 f.
Hipparchus, *and* Aristotelian dynamics, 29 f.
Hobbes, Thomas, *and* modern physics, 16
Hooke, Robert, 91, 111 *n.* 2
Humbert, Pierre, *and* Pascal, 136
Huygens, Christian, *and* clocks, 108, 110 and *nn.* 1 and 2, 111; *and* cycloid, 141, 142 *n.* 2, 143; *and* Mersenne, 131, and *n.* 1; *and* pendulum experiments, 108-13, isochronism of pendulum, 80, 97 *n.* 1; *and* vacuum, 155. *Œuvres* quoted, 108 *n.* 1, 109 *nn.* 1 and 2, 111 *n.* 4, 112 *n.* 1

Huygens, Constantyn, Mersenne's letter to, 131 *n.* 1, 133 *n.* 1
Hydraulic press, 156
Hydrostatics, 64, 66, 82-4, 128, 131, 156; hydrostatical equilibrium, 56

Iamblichus, *and* Platonic ideas, 14
Impetus, 9 f., 13, 17 *n.* 3, 19 *n.* 3, 22, 29 and *n.* 2, 30 and *n.* 1, 31-2 and *n.* 4, 33 *n.* 2, 34 *n.* 1, 73 *n.* 4, 85 f.
Inertia, 11, 19, 31 f., 44 *n.* 2, 62 *n.* 4, 75 *n.* 1, 122, 126 f., use of term, 62 *n.* 3; inertial mass, 62, 64 *n.* 3, 73 f.; inertial motion, 60 *n.* 4, *see also under* Motion
Ingoli, *see under* Galileo

Jesuit scientists, list of, 104 *n.* 4; *and* experiments relating to law of fall, 102, 108. *See also* Vendelinus, *and* Cabeo

Kant, Immanuel, *and* space, 28 *n.* 3
Kepler, Johann, 5, 7, 10-12, 89, 102 *n.* 3, 123 and *n.* 1, 125; *and* attraction, 11 f., *and* dynamics; 81 and *n.* 2; *and* gravity, 44 *n.* 4; *and* inertia, 11, 62 *nn.* 3 and 4; *and* mass concept of, 62 *n.* 2. *Physica coelestis*, 11
Koyré, Alexandre, *Études galiléennes*, ix, 2 and *n.* 1, 20 *n.* 1, 35, 124 *n.* 2; essays on Galileo, ix; "Galilée et Descartes", 75 *n.* 5

La Hire, de, *and* conics, 136
Lalouère, Jesuit Father, 142 and *n.* 2
Leibniz, Gottfried Wilhelm, 38 *n.* 2, 97 *n.* 1, 133, 143, 155; *and* Pascal, 135-6
Leonardo da Vinci, 17 *n.* 3, 29, 63 *n.* 4
Le Pailleur, *see under* Pascal
Leroy, *Descartes social*, 17 *n.* 3
Light, 8, 122 f., 130, 153-5
Lucretius, 129

Mach, Ernst, *and* imaginary experiments, 45

Manri, Valeriano, *and* vacuum, 146 f. and *nn.* 1 and 2, 151
Mass, concept of, 62 and *n.* 2, 73; acceleration of fall *and*, 63 and *nn.* 1, 3, 6, 79 *n.* 1. *See also under* Inertia
Mathematics: "The grammar of science", 14 *n.* 1; *and* astronomy, 38; *and* fall, 44, 79 *n.* 1; *and* human intellect, 40-41; *and* "impetus", 32; *and* modern science, 75 *n.* 5; *and* pendulum, 78 *n.* 4. Mathematical conceptions and methods, 4 f., 19 f.; 34 and *n.* 3, 35 and *n.* 1, 36 and *n.* 1, 37, 43, 90, 110, 119. *See also under* Pascal *and* under Plato. Mathematical physics, 5, 13-15, 22, 32, 34, 53-4, 130. Mathematicians, types of, 133-4
Matter, unity of, 12; identified with space, 119-20
Mazzoni, Jacopo, author of book on Plato and Aristotle, 36 and *n.* 1
Measurement, 91 and *nn.* 1 and 2, 95; Galileo *and*, 75, 92-4; acceleration constant in fall of bodies, 92, 94, 107-8, 112; of time, 93-4 and *n.* 1, 95-106, 108-12. Florentine cubit, 94 *n.* 3, "royal foot" of Paris, 99 and *n.* 3. *See also under* Gassendi
Mechanics, 2, 4, 19, 33, 42, 100, 129; "celestial mechanics", 8
Medicine, 98 and *n.* 3
Medieval concepts, 1, 3, 5, 11, 19, 22, 35 *n.* 1; with reference to falling bodies, 56 *n.* 1. *See also* Buonamici
Medium, resistance of, to falling bodies, 47 and *n.* 1, 52-60 and *n.* 5, 63-72, 74, 76 f., 79 and *n.* 1, 83-7, 106; ratio with acceleration, 60 and *n.* 2, 81
Mercury, in Torricellian tube, 128, Pascal's experiment with, 145-9, 151-2
Mersenne, Marin, 47 *n.* 5, 102, 145,

Mersenne, Marin (*cont.*)
155, influence, 118 and *n.* 1; "correspondence" with Beekmann and Descartes, 30 *n.* 1; Parisian Academy of, 135; with reference to Pascal, 131 and *n.* 1, 133 *n.* 1, 135; *and* cycloid, 140; *and* pendulum, 80, 97 *n.* 1, 98 and *nn.* 3 and 4, 100-2, 108 f., 111; *and* speed of fall, 94-5, 99-102, 112 f. *Cogitata Physico-Mathematica*, 97 *n.* 1, 98 *n.* 4, 100, 115-17, 131; *Harmonie Universelle*, 98 and *nn.* 3 and 4, 99, 101 113-15; *Reflexiones Physico-Mathematicae*, 101, 108. *See also under* Experiment

Modern science, 1, 3, 6, 8, 12, 19-22, 89-91, 110, 132, use of term, 89 *n.* 1; motion in, 4; ontology of, 119

Montel, Paul, with reference to Descartes, 134

Moray, R., letter of Huygens to, 111 and *n.* 4

Morin, experiments in regard to falling bodies, 124 *n.* 2

Motion, 1, 4, 10-14, 21, 29-34, 38-9, 73 and *n.* 5, 126; in Aristotelian physics, 5-8, 23-5 and *nn.* 2 and 3, 26 and *nn.* 1 and 2, 27-8, 44 *n.* 2, 57 *n.* 1, 60 *n.* 3, 81; principle of inertial motion, 2-4, 6, 19. Circular motion, 25 *n.* 3, 31, 34; natural, 73 f.; in a straight line, 27, 34; conservation of, 44 *n.* 2, 75 *n.* 1, 124; not in numbers, 38; relativity of, 33; resistance to, 50 f., 73, *see also* Medium. *See also* Acceleration; Falling bodies; Speed; *and under* Galileo, *and under*, vacuum

Natural philosophy, 35, 46

"Natural" science, 91 *n.* 1

Nature, ix, 3 f., 8-9 f., 13 f., and *n.* 1, 15, 19 f., 25, 34, 38, 40 *n.* 2, 41, 43, 75 f.; "natural place", 24 and *nn.* 1 and 2, 26 and *n.* 3, 27 f. and *n.* 2

Navigation, clocks *and*, 110 and *n.* 1

Newton, Sir Isaac, characteristics, 91; *and* acceleration and attraction, 92 *n.* 3; binomial theorem, 133; "Cosmos", 19 *n.* 3; cycloid, 97 *n.* 1, 143; "impetus", 32 *n.* 4; light, 122, 130; mathematical physics, 130; motion, 2 and *n.* 2, 19, 95; 17th century physics, 120; resistance to falling bodies, 60 *n.* 5; space, 155

Noël, Rev. Father, *see under* Pascal

Nominalists, 9, 17 *n.* 3, 18, 22, 29 *n.* 2

Numbers, movement *and*, 38 f., 44 *n.* 1; science of, 40-1

Observation, ix, 3, 18, 89-90, 108

Order, 24-5

Oresme, Nicole, 17 *n.* 3, 18, 22, 29, 62 *n.* 3

Oscillation, 78 and *nn.* 2 and 3, 80 and *n.* 3, 92 *n.* 4, 96 f., 100-1, 103-5 and *n.* 2, 110 ff.

Oxford, *and* medieval concepts regarding speed of falling bodies, 56 *n.* 1

Pappos, *and* Greek geometry, 134

Paris, *and* medieval concepts regarding speed of falling bodies, 56 *n.* 1. *See also* Glassmakers

Parisians, *see* Nominalists

Pascal, Blaise, 20, 38 *n.* 2, 118. Characteristics, 131, 132 *n.* 2, 133, 137-9, 144 f., 152, 155-6; experiments, 131, 145-52, 155-6, *see also* Puy-de-Dôme. *And* air, 152, 156; barometric phenomena, 122, 127 f.; cycloid, 139-41 and *nn.* 1-3; Le Pailleur, 153 f.; mathematics, 131-44, "Pascal's Theorem", 135; Père Noël, 121, 152-5; physics, 131, 144-56. *Adresse à l'Académie Parisienne*, 135; *Essay pour les coniques*, 135; *La grande expérience de l'équilibre*

Pascal, Blaise (*cont.*)
  des liqueurs, 145, 155; *Expériences nouvelles touchant le vide*, 145, 147-8, 150 *n.* 2, 153; *Generatio Conisectionum*, 135; *Histoire de la roulette*, 140; *Œuvres complètes*, 131 *n.* 3, 136; *Potestatum numericarum summa*, 137-8; *Traité des coniques*, 131 and *n.* 1, 135; *Traité de l'équilibre des liqueurs*, 128, 148 *n.* 1, 150, 153, 155 f.; *Traité de mécanique*, 131; *Traité de la pesanteur de la masse le l'air*, 128, 148 *n.* 1, 155; *Traité du triangle arithmétique*, 137; *Traité du vide*, 131 and *n.* 2, 148 and *n.* 1, 155
Pascal, Étienne, 134
Pendulum, 64 *n.* 1; Galileo *and*, 76 and *n.* 6, 77 and *nn.* 2 and 3, 78 and *n.* 4, 79-80, 92 and *n.* 4, 96-7 and *n.* 1, 98 f., 103. *See also under* Clocks; Huygens; Mersenne; Riccioli
Périer, Étienne, 135
—, Florin, 148 *n.* 1, 152 *n.* 2
Périer, Mme, with reference to Pascal, 134
—, Marguerite, with reference to Pascal, 139-40
Petit, Pierre, *and* experiment with Torricellian tube, 146-7
Peyresc, Mersenne's letters to, 94
Philoponos, John, 22, 29 and *n.* 2, 32; *Commentary on Aristotle's Physica*, with reference to falling bodies, 68 and *n.* 3, 69
Philosophy, 37-8, *and* mathematics, 40 f.; *and* science, 119
Physics: Aristotelian, 5-7, 18, 22-3, and *n.* 2, 24-8, 33 and *nn.* 1 and 2, 36-7, 44, 53. Cartesian, 16 f., 119-20, 129. Medieval, 11. Modern, 1-2, 13 f., 16, 19-22, 34 f., 37-8, 81; nineteenth century, 155. *And* astronomy, 20 and *n.* 1, 38; *and* geometry, 119. *See also* Gassendi, characteristics; *and*

under Mathematics; *and under* Pascal; *and* Randall, J. H.
Picard, Émile, *and* Pascal, 136
Pisa, Cathedral, story of Galileo and candelabrum in, 96 *n.* 2; Leaning Tower, story of Galileo *and*, 45 *n.* 2, 150; University, Galileo *and*, 35-6.
Plato: Platonic concepts, 9, 13-15, 40, 42, 119, *see also under* Galileo. Mathematics *and* 36, 38 ff. Opposition between Plato and Aristotle, 35 f., and *n.* 1, 38, 40 and *n.* 2, 42, 119
"Plenism", *see* matter, identified with space
Plenum, falling bodies, in 51, 62, 66, 70, 72, 75
Pneumatics, 156; pneumatic pumps, 75
Poincaré, Henri, with reference to Descartes, 134
Poncelet, *and* projective methods, 136
Popper, K., *and* imaginary experiments, 45
Porta, Giambattista, 91
Pressure, 26, *see also under* Air
Proclus, *and* Platonic ideas, 14
Projection, 26-7, 30 and *n.* 1, 31, 39, 64 *n.* 1
Ptolemy, 6-7, 12, 122
Puy-de-Dôme, experiment at, 127, 131, 145, 152 *n.* 2, 155
Pythagoreans, 39 f.

Quality, 37 f., 91 and *n.* 2

Randall, J. H., with reference to continuity in history of physics, 21 *n.* 3
Real, the, 36-8, 41
Réaux, Tallemant de, 134
Reminiscence, doctrine of, 42
Renaissance, the logicians of, 21 *n.* 3; scientific thought, 22 and *nn.* 2 and 3; technology, 17 *n.* 3; *and* Plato, 42

Rest, state of, 24 ff., 33 and *n.* 3, 34, 38

Ribeyre, M. de, Pascal *and*, 146, 147 *n.* 2

Riccioli, Giambattista, 47 *n.* 5; 102, *Almagestum Novum*, 102 and *nn.* 2 and 3; *and* experiments with falling bodies, 106-7 and *nn.* 2-4, 108, with pendulum, 75 *n.* 3, 102-7, 111 ff.; *and* Copernicus and Kepler, 102 *n.* 3

Rivet, André, letters from Gassendi, 120

Roannez, Duc de, *and* Pascal's cycloid competition, 140

Roberval, Giles-Personne de, 118, 128, 132, 139, 144 and *n.* 3, 145, *and* cycloid, 140 and *n.* 1, 142 *n.* 2. *Narration* to Desnoyers, 146 f., and *n.* 2, 149-50 and *n.* 2, 151-2

Rocco, Antonio, 40

Rothmann, *and* Tycho Brahe, 10

Roulette, the, *see* cycloid *under* Pascal

Sagredo, 46 and *n.* 1

Salviati, 46 and *n.* 1

Scientific revolution of 16th and 17th centuries, 16-17 and *n.* 1, 19-21 and *n.* 3, 89, 119, 130

Simplicius, *and* Aristotle, 46 *n.* 1; *and* works of John Philoponos, 29 *n.* 2

Sluze, R. F. W. Baron de, 141, 142 *n.* 3

Soto, Dominico, *and* motion of fall, 56 *n.* 1

Sound, 123, 130

Space, 3, 4, 6, 9, 33 f., 121, 129, 154, geometrization of, 19-20, 121; imaginary spaces, 127; *and* matter, 119. *See also under* Euclid *and under* Kant

Speed, of falling bodies, 44 *n.* 3, 46-8 and *n.* 1, 49-60, 63-74, 77 ff., 81-2, 84-8, 99-102, 105-8, 123 *n.* 2; in relation to weight, 51-2, 55-7 and *n.* 1, 58 f., 64 and *n.* 3, 65 and *nn.* 2 and 3, 68; "natural speed", 85 f., *see also* Acceleration; Velocity; *and under* Mersenne

Spinoza, Benedict de, 28 *n.* 4, 155

Statics, 32, 38

Stevin, *and* arithmetical triangle, 136; Pascal *and*, 155

Stifel, *and* arithmetical triangle, 136

Sundial, 104

Tannery, P., 5 and *n.* 1, 18, 90 *n.* 1; *Mémoires scientifiques* quoted with reference to dynamics, 21 *n.* 1

Tartaglia, *and* arithmetical triangle, 136 f.

Technology, 17 and *nn.* 2 and 3. *See also* Technical difficulties *under* Experiment

Theory, in relation to experience and experiment, 13, 45, 71, 75-6, 80, 82 and *n.* 1, 90, 108-12; imagination *and*, 88. *See also* "A priori" reasoning

Thermodynamics, 23

Thorndike, Lynn, *History of Experimental Science*, 22 *n.* 3

Time, *see under* Measurement; infinite time, 129

Torricelli, Evangelista, 92 *n.* 3; *and* barometric experiments, 127 f.; *and* cycloid, 140 and *n.* 1; *and* geometry, 132, *Opera Geometrica*, with reference to value of geometry, 39 and *n.* 3. Torricellian tube, 128, 153, *see also under* Mercury; vacuum, 146-7 and *n.* 2. Pascal and, 155

Traction, 26

Tycho Brahe, 7, 10, 12, 122, 125

Understanding, human, 40-2

Universe, the finite, 24, 25 *n.* 3, 26, 120; the infinite, 2, 8-9, 20, 34 *n.* 2

Vacuum, 27-8, 31 f., 34, 44 *n.* 3, 57, 119 ff., 127 ff., 145 and *n.* 1,

Vacuum (*cont.*)
146-7 and *n.* 1, 148, 152, 155-6; motion in, 46 f., 51 f., 55 f., 58, 62 f., 66, 70, 72-5, 87, 92, 106
Varron, Michel, *and* laws of motion, 124
Velocity, of fall, 12, 30 and *n.* 1, 31, 44, 52, 60 *n.* 5, 124; of sound, 123 and *n.* 3
Vendelinus, *and* law of fall, 106
Viviani, Vincenzo, 96, 98 *n.* 1, 123 *n.* 3, 150
Voids, 47 *n.* 4

Wallis, John, *Arithmetica infinitorum*, 137 *n.* 1; *and* cycloid competition, 141 f., and *n.* 1

Water, boiling, 151 and *n.* 1; water-glass to measure time, 103 f.; *and* wine, 83-4 and *n.* 1, 149, 151 *n.* 1, 152. *See also* Hydrostatics, *and* Medium
Weight, *see* heaviness of bodies *under* Falling bodies, *and under* Air *and under* Speed
Wren, Christopher, *and* cycloid, 142 and *n.* 3

Zabarella, *and* scientific revolution of 17th century, 21 *n.* 3
Zeno, Franciscus, *and* Riccioli's experiments, 104, *n.* 4 105, 108
Zilsel, E., with reference to artisans of the Renaissance, 17 *n.* 3

译后记

亚历山大·柯瓦雷（1892—1964）是科学思想史学派的领袖，他以对"科学革命"（Scientific Revolution）的开创性研究而闻名。柯瓦雷的三部重要著作《伽利略研究》、《从封闭世界到无限宇宙》和《牛顿研究》此前都已有中译本，想必读过这些书的读者对柯瓦雷的思想风格并不陌生。

我对柯瓦雷的兴趣是受吴国盛老师深刻影响的结果。2013年11月，当时我还是一个大二的学生，我在图书馆偶然间读到了吴老师的《科学的历程》，立刻就被其中引人入胜的叙述深深地吸引。在阅读的过程中，我见到了柯瓦雷这个名字，了解到他所代表的科学思想史编史学纲领。之后，通过吴老师主编的《科学思想史指南》，我第一次读到了柯瓦雷的三篇论文，尤其是《我的研究倾向与规划》中倡导的"人类思想的统一性"彻底地引发了我心灵最深处的共鸣。我发现这就是当时处于迷茫的我一直在努力寻找的东西，如同黑夜中的一盏明灯照亮了我前进的道路。对我来说，这是一个"神奇的十一月"，让我的世界观发生了巨大的转变，也奠定了我此后十年人生道路的重大选择，使我找到了学术研究这项热爱的事业。毫不夸张地说，这是我个人经历过的一场"思想嬗变"和"精神革命"。我硕士期间选择了西方哲学专业，并且选择柯瓦雷的科学革命观作为硕士论文的研究主题。再后来，我有幸成为吴老师的学生，对柯瓦雷的兴趣在最大程度上得到了延续。在吴老师的期待下，我欣然接受了翻译本书的任务。

本书收录了柯瓦雷生前发表的六篇以科学革命为主题的论文，在柯瓦雷去世后于1968年由其生前的四位好友整理出版。其中伽利略是前四篇论文的主角，后两篇则分别与伽桑狄和帕斯卡有关。本书基本延续了柯瓦雷之前的几部著作（尤其是《伽利略研究》）中所体现的科学思想史编史学纲领与科学革命观：（1）科学的进步体现为概念自身内在和自主的逻辑演变（将社会因素的作用最小化），因此柯瓦雷会经常使用其标志性的概念分析法，大段引用原始文本来支持其论证；（2）"人类思想的统一性"，主张科学思想、哲学思想和宗教思想之间相互影响、相互渗透，具有不可分割的联系；（3）反对辉格主义，主张历史语境还原，强调将所研究的文本置于其所处时代的思想氛围中，并根据作者本人的思维方式来理解它们；（4）现代科学的起源是一场真正的革命，坚决反对迪昂和兰德尔等人所主张的现代科学与中世纪科学之间的连续性；（5）科学革命的主线是自然的数学化，它的两个方面体现为和谐整体宇宙（cosmos）的解体与空间的几何化；（6）坚持一种柏拉图主义的科学实在论，坚决反对关于科学革命的经验主义与工具主义解释；（7）理论高于实验，实际做过的那些实验在现代科学的兴起中作用甚微，真正发挥作用的是那些思想实验；（8）对科学史上的那些人物予以同情式理解。

就具体内容而言，本书的前两篇论文是对其代表作《伽利略研究》第三部分和第一部分的简写。这就如同将一部几十集精彩的电视连续剧改编成一部两个多小时的电影，虽然保留了主要的故事情节但不得不大幅度地删减其中的具体细节。因此，这两篇论文虽然保留了《伽利略研究》中的论证主线，但却限于篇幅不得不略去对原始文本的大段引用，这使得柯瓦雷标志性的概念分析法几乎不见踪影，要领会柯瓦雷精湛的技艺以及有说服力的论证细节还需回到《伽利略研究》本身。尽管如此，这两篇保留了精华部分的论文还是有利于加深对《伽利略研究》的理解。其中，第一篇《伽利略与17世纪科学革命》展示了从哥白尼、布鲁诺、第谷、开普勒到伽利略的科学革命主线，表明最初源于天文学领域的变革最终如何倒逼一门以地球运动为前提的新物理学的诞生。第二篇《伽利略与柏拉图》重申了《伽利略研究》中关于青年时代的伽利略如何经历了物理科学思想史的三阶段，并一再反驳迪昂等人主张的连续性论题，坚持认为现代科学与中世纪的冲力物理学处于截然不同的层面，柯瓦雷称之为阿基米德的层面。此外，柯瓦雷同样延续了《伽利略研究》中对实验的看法，即实验科学的诞生以自然的数学化为前提，并且同样认为伽利略是一个柏拉图主义者。由此，"好的物理学是被先验地做出来的"。

值得一提的是，英美科学史界最初接触柯瓦雷的科学思想史编史学纲领正是通过上述两篇简写版的论文，而非其代表作

《伽利略研究》，后者是用法文写的，直到 1978 年（即柯瓦雷逝世后 14 年）才首次被译成英文。正是由于在上述两篇省略作为得出结论铺垫的大量论证细节的论文中，柯瓦雷的一些主张显得有些强硬和极端，这使得他的观点（尤其是对于实验的先验论看法）遭到了一些严厉的批评。

之后的两篇论文以落体问题为中心，第三篇论述了伽利略最为著名的思想实验，揭示了他如何在没有实际做过实验的情况下得出所有物体在真空中以相同速度下落的结论；第四篇讨论了重力加速度常数的测量，是柯瓦雷为数不多关于科学仪器的讨论，他再次表明理论想象力是如何高于实验的。在此需要澄清一个常见的误解，即柯瓦雷断言伽利略的实验都是思想实验，他从未实际做过任何实验。但事实上，柯瓦雷从未作出过如此极端的断言，他并不否认伽利略确实做过一些实验，但他否认这些实验有可能产生重要影响。在这两篇论文中，柯瓦雷延续了《伽利略研究》中隐含的对伽利略的实验两个层面的讨论。较高的层面是形而上学层面或应然层面，即伽利略的那些真正对科学史产生重大影响的实验只能是思想实验；较低的层面是历史事实层面或实然层面，即伽利略实际做过的那些实验非常不靠谱，不可能对现代科学的兴起产生重大影响。

就形而上学层面而言，由于伽利略物理学的研究对象是经验世界中不存在的物体（例如，一个绝对光滑的平面和一个完美球形的球体），只适用于抽象的几何空间，因此，思想实验是伽利略唯一能够做的实验。此外，伽利略的柏拉图主义也决定了这一点。这不仅是因为伽利略的推理是对"回忆说"与"精神助产术"的运用，还因为伽利略对实验结果与理论之间的偏差的解释需要通过柏拉图关于"两个世界"的区分来理解。

就历史事实层面而言，伽利略受制于他那个时代的仪器和工具，从而无法得出他所声称的结果。这在《一个测量实验》中讨论伽利略的斜面实验时得到了最充分的体现。柯瓦雷指出，伽利略的实验仪器的"贫乏得可怜"，他由此得出结论：伽利略的这些实验完全没有价值。事实上，伽利略本人也完全意识到这一点，因此他在《两门新科学》中尽可能避免给出加速的具体数值；与之相比，他在《对话》中给出加速度具体数值是完全错误的。这些数值的准确性就曾遭到过与他同时代的梅森神父的强烈质疑。

此外，柯瓦雷还纠正了一个关于伽利略的常见误解，反驳了维维亚尼的说法。他令人信服地表明，伽利略并不是通过仔细观察比萨大教堂烛台的摆动，并通过与他的脉搏的跳动相比较而发现钟摆的等时性。因为在伽利略离开比萨三年后，那个著名的烛台才被放进比萨大教堂。按照柯瓦雷的说法，伽利略作出这一伟大的发现是由于其杰出的数学天赋。

在这篇文章中，柯瓦雷一如既往地反驳对科学发展的外部解释，捍卫科学发展的自主性。在他看来，发明机械钟的主要动力并非解决经度问题的实际需要，而是由于自然数学化所带来的精确测量的这一观念自身的内在力量。

柯瓦雷的同情式理解在这篇文章中也有所体现，尤其是他致力于为科学史家眼中声名狼藉的反哥白尼主义者里乔利恢复名誉。里乔利与几位耶稣会士组成的科学团队在测量重力加速度与解决落体问题的尝试中付出了极大的辛勤努力，柯瓦雷高度肯定了这种不遗余力地追求真理的态度。

本书的最后两篇论文分别讨论了伽桑狄与帕斯卡。在《伽桑狄及其时代的科学》（最初在纪念伽桑狄逝世三百周年的会议上发表）中，柯瓦雷延续了《从封闭世界到无限宇宙》中对伽桑狄评价不高的立场。在他看来，伽桑狄对于现代科学的发展贡献甚微。柯瓦雷肯定了伽桑狄在天文观测方面的贡献，也提到了他做过的一些测量实验，但由于伽桑狄并不接受自然数学化要求的精确测量的观念，他在这方面成果贫乏。虽然伽桑狄是第一个在一艘航行的船的桅杆顶端当众做实验验证惯性原理的人，但相比于伽利略在不做实验的情况下对结果的预见，伽桑狄所做的实验验证充其量只具有次要价值。尽管如此，基于人类思想的统一性，柯瓦雷仍然肯定了伽桑狄在科学革命中的作用。正是基于对原子论的复兴，伽桑狄非常有效地补充了现代科学所需要的本体论基础。正是对原子论的巧妙运用，使伽桑狄能够先于波义耳解释托里切利和帕斯卡的气压实验。这篇论文最重要的意义在于柯瓦雷扩展了他对科学革命的理解。在《伽利略研究》中，柯瓦雷将科学革命视为柏拉图取代亚里士多德；而在《伽桑狄及其时代的科学》中，柯瓦雷认为科学革命是柏拉图与德谟克利特联手战胜亚里士多德的结果，换言之，是自然数学化与原子论复兴共同作用的结果。由此，伽桑狄在科学革命的叙事中找到了最合适的位置。将科学革命视为两种潮流的思想在《牛顿综合的意义》中得到了最充分的体现。不仅如此，这种观念深刻影响了后来库恩对古典科学与培根科学的区分，以及韦斯特福尔将科学革命视为柏拉图主义—毕达哥拉斯主义传统与机械论哲学之间张力的结果。

最后一篇论文的内容分为两个部分，分别涉及帕斯卡工作的数学方面和实验方面。就作为数学家的帕斯卡而言，柯瓦雷坚决反对一种常见的做法，即将帕斯卡的几何证明翻译为代数或微积分公式，按照今天的标准去理解它们。在他看来，这种做法会严重歪曲帕斯卡本人的思想，这种思想风格最典型的特征就是拒斥公式。柯瓦雷将数学天才分为两种类型，即几何学家和代数学家；笛沙格与帕斯卡属于第一类，而笛卡尔与莱布尼茨属于第二类。正是对公式的拒斥使得帕斯卡付出了高昂的代价，让他错失了两项重要的发现，即二项式定理和微积分。

就作为物理学家的帕斯卡而言，虽然柯瓦雷表明他并不想断言帕斯卡没有做过他声称做过的那些实验，但他强烈怀疑帕斯卡没有按照他做实验的方式来描述它们并以这种方式呈现实验结果。帕斯卡同时代的波义耳也就这一点表示过同样强烈的怀疑。一方面，要获得帕斯卡所描述的那些仪器在当时极为困难；另一方面，帕斯卡如果真的做过实验，就不会注意不到管中明显的沸腾现象。由此，柯瓦雷得出结论：帕斯卡并没有完整而准确地描述他所做的或想象的实验。

总之，本书基于科学思想史编史学纲领既延续又扩展了柯瓦雷对科学革命的深刻理解，其意义不言而喻。当然，时至今日，科学史学科的飞速发展与柯瓦雷所处的时代几乎不可同日而语。由此，柯瓦雷对科学革命的论述不可避免有其时代局限性。柯瓦雷的科学革命观过度局限于自然数学化，而轻视化学 [炼金术] 所代表的实验传统。后续的科学史研究表明，以波义耳为代表的实验传统在科学革命中发挥了比柯瓦雷愿意承认的更重要的作用。同样，在柯瓦雷的叙事中，自然志传统也并未被包括在内。此外，柯瓦雷断言，培根对科学革命毫无贡献，不过是起到了鼓吹者的作用。然而，彼得·哈里森的研究充分表明，基督教的原罪与堕落观念对于现代科学的兴起具有至关重要的作用，而在这种叙事中，培根无疑占据着核心地位。最后，科学仪器在柯瓦雷的叙事中仅仅是一个非常边缘的角色，但在当前的科学史研究中已经成为热点。尽管如此，瑕不掩瑜，本书作为科学思想史的经典仍然值得精读，其中很多讨论对于今天的研究依然有重要的启发意义。

本书的翻译能够顺利完成离不开恩师吴国盛老师的大力支持。吴老师不仅激发了我对柯瓦雷的浓厚兴趣，当初正是在吴老师极力倡导的"为学术而学术"希腊精神的感召之下，我才毅然决然地选择进入科学思想史的领域。在本书翻译完成后，吴老师积极联系了北京大学出版社，对本书的出版提供了很大的帮助。

为此，要特别感谢北京大学出版社的田炜老师和张晋旗老师两位编辑为本书的出版所做的极为细致、耐心的审校工作。两位老师严谨的工作态度让我非常感动。本书的顺利出版离不开他们的辛苦付出。

本书的前两篇论文之前已有中文译文，分别由孙永平和郝刘祥两位老师翻译，我在翻译过程中对旧的译文有所参考。此外，我在翻译前两篇论文的部分段落时也参考了刘胜利老师翻译的《伽利略研究》中的相关段落。向这三位老师所做的工作表示感谢。

最后，翻译本书的过程中遇到不少拉丁语和法语的段落和注释，感谢黄宗贝同学热心帮忙翻译了书中涉及的拉丁语部分，她非常认真地对拉丁语译文做了极为详细的批注，并非常耐心地解答我的疑惑，向我介绍了诸多相关的背景知识，这种极其严谨的治学态度以及她深厚的拉丁语功底和出色的语言天赋都让我由衷地钦佩。

尽管我在翻译本书的过程中一直很用心，投入了大量的时间和精力，但限于水平，这个译本还可能存在一些不足和错误，这些错误的责任一概由我承担，欢迎读者指正。

2023 年 10 月 5 日于清华大学图书馆